都市をたたむ

饗庭 伸

花伝社

都市をたたむ——人口減少時代をデザインする都市計画◆目次

まえがき

この本は、人口減少社会において都市の空間がどのように変化していくのか、それに対して都市計画はどのようにあるべきかについて議論を展開する本である。筆者がこのテーマを考え始めたのは人口減少社会の足音がはっきりと聞こえてきた２００３年のころであり、そこから10年近く、いくつかの都市計画の現場での試行錯誤と、いくつかの実態調査をへて、分かってきたことをまとめたものである。

この10年の間に人口減少社会に対する問題提起、実態調査、都市計画の実践が蓄積されてきた。少なくない書籍も刊行され、いくつかの「定説」も見えてきつつある。この時期に刊行される本書は鋭く先端的に問題を提起するのではなく、すでに起きつつあること、起きたこと、定説化されつつあることについて、やや後付け的に理屈っぽく整理したものである。私たちはこれから延々とつづく人口減少社会に付き合わなくてはならず、それは短期的な流行ではない。この本は、長く続く人口減少社会の、最初の10年間のまとめということになるだろうか。

全ての章は書き下ろし、あるいは既発表の論考の大幅な改稿、リミックスである。最初から最後までつなげて読んでいただくことを前提としているが、独立したものとして読めるようにもしている。

全体の組み立ては単純であり、第1章は人口減少社会を迎えて「都市」というものの役割や機能を改めて捉え直す見方を提供する章、第2章は人口減少社会の動因である「人口」の読み方や解釈の仕方を提供する章、第3章は人口減少社会において人口の容れ物である「都市空間」がどのような変化をするか、その見方を提供する章、第4章は人口と都市空間の関係を調整するものとしての「都市計画」のあり方を考察する章である。第5章と第6章は筆者が関わった都市計画やまちづくりの現場の取り組みから、第4章で展開した都市計画がどのように実践されているのかを解説する章である。第7章は全体をまとめ、今後の課題を整理した。

7つの章は互いに連関しているが、この組み立てさえ頭に入れていただければ、興味のあるところから読んでいただいて構わない。

第1章　都市は何のためにあるのか

——無意識の前提を外す

この本は、日本の人口が減る。では、多くの人が住んでいる都市はどうなってしまうのだろうか、という単純な動機から生まれた。

我が国は世界最大の都市化国である。世界的にみても都市への人口集中は進んでいる。国連のレポートによれば、今や世界の人口の52・1％が都市に住み、その数は２０３０年には約60％に達するという。しかし、日本はこの状況のはるか先をいく。日本では人口の91・３％が都市に住む（**表1**）。これは香港やシンガポールといった小さな国を除けば、ベルギー、ベネズエラ、アルゼンチンに次ぐ数字だが、これらの国の人口を足しても日本の人口には及ばないし、これらの国では人口はまだ増加中である。つまり、私たちの国の人口減少は、高度に都市化した国で起きている、世界初の現象なのである。

この本の読者も多くは都市で生まれそこで育った人だろう。私の名字は滋賀県の湖西地域に多く、根はそこにある「饗庭」という地域である。この地域については饗庭孝男さんという同姓の文学者の本が出版されているが[1]、農業の環境は豊かではなく、多くの人が食べていけるところではなかった。私の高祖父は明治期に湖西から発展著しい神戸に出て、茶の卸と販売をはじめ、私の家族は神戸を中心に阪神間に根を広げた。高祖父から四代を経て神戸の隣町で私は生を受け、高校の入学と同時にさらに大きな都市に移住し、現在もそこで暮らしている。私だ

	都市人口（千人）	総人口（千人）	都市人口比（%）
Japan	115453	126497	91.3
Argentina	37712	40765	92.5
Venezuela	27534	29437	93.5
Belgium	10484	10754	97.5
Israel	6948	7562	91.9
China, Hong Kong SAR	7122	7122	100.0
Singapore	5188	5188	100.0
Puerto Rico	3704	3746	98.9
Uruguay	3128	3380	92.5
Kuwait	2769	2818	98.3
Qatar	1848	1870	98.8
Réunion	807	856	94.3
China, Macao SAR	556	556	100.0
Guadeloupe	456	463	98.4
Malta	396	418	94.8
Iceland	304	324	93.7
Netherlands Antilles	189	203	93.4
Guam	170	182	93.2
United States Virgin Islands	104	109	95.5
American Samoa	65	70	93.2
Bermuda	65	65	100.0
Northern Mariana Islands	56	61	91.5
Cayman Islands	57	57	100.0
Turks and Caicos Islands	37	39	93.8
Monaco	35	35	100.0
San Marino	30	32	94.1
Gibraltar	29	29	100.0
Anguilla	16	16	100.0
Nauru	10	10	100.0
Saint Pierre and Miquelon	5	6	90.7
Holy See	0.5	0.5	100.0

表 1　世界の人口と都市化。World Urbanization Prospects, the 2011 Revision より筆者作成。都市人口比が 90% 以上の 28 カ国について、都市人口の多い順に並べた

けでなく、私の父母も、祖父母も都市で生まれそこで育った。このような「三代以上都市で暮らしている」という人も少なくない。私のような世代にとって、都市は生まれながらにそこにあるものだし、それが当たり前だと思っている。だから人口減少にあたって、都市を客観的に考えることが出来なくなっている。

世界的に見て人口が増加の一途をたどっているなか、我が国の人口は2006年をピークに減り始めた。人口が減ると、ここまで大きな都市は必要ないのではないか。何もしないで放置しておくと、どんどん捨てられる都市が出てくるのではないか。私は都市にしか住んだことがないから、不安で仕方がない。都市の縮小という現象をどのようにとらえ、それにどのように計画的に対処していくか。人口が増加し、都市が拡大していた時期の理屈が通用しないことは分かる。人口減少時代の都市を考えるには、どういう発想の切り替えが必要なのだろうか。短期的な視点、例えばつくられすぎたインフラストラクチャーをどうするか、自治体の財政破綻をどう回避するか、貧困率の悪化をどう防ぐか……こういった視点だけでは、対症療法的な議論に陥ってしまう可能性がある。大胆な発想の転換が必要なことはいうまでもない。しかし、私も多くの読者もすでに都市に暮らしすぎていて、都市のことを客観的に見ることが出来なくなっている。

私の高祖父にとってみたら、都市とは生き延びるための手段そのものであった。貧しい農村から都市に出て、都市を徹底的に使って豊かな生活を送る。こうした目的をはっきり持ち、都市を手段と考えていたはずだ。高祖父のように、都市を離れたところから見る、そして、都市に対して無意識に持っている前提をどう外し、どう議論を組み立てていけばよいか。

まずこの第1章では、どこに立って、どのような視点で、どのような目的を持って都市を見ればよいのか、無意識に持っている前提を外す作業をしておきたい。

都市の起源

都市とは、そもそもどのように誕生したのだろうか。都市史学者の伊藤裕久は日本の都市の成り立ちを以下のように説明する。中世では、都市ははっきりとした形では成立しておらず、「都市の性格を有した場所」が、市、宿、浦、泊、津、境内、門前とよばれる場所として、流通や宗教の機能に付随してあちこちに存在していたという。これらはまとまって一カ所に存在したのではなく、地域の中に緩やかに連担しあって都市的な場所を形成し、やがてそれらが江戸時代に城下町が計画的な意図をもって形成されていく過程の中で、城のまわりに取り込まれていった(2)。

この「都市の性格を有した場所」を成立させる力学を単純化して考えてみよう。例えば「ヤサイ」という集落があり、そこでは野菜がとれる。一方で「コメ」という集落があり、そこでは米がとれる。一方で「ニク」という集落は猪の狩猟を行っている。ヤサイに住む人が「イモの煮物ばかりで飽きてきたので、たまにはカレーを食べてみたい」と考えた時に、それを実現するには2つの方法がある。1つは、ヤサイとコメとニクでそれぞれの産物を交換する場を設ける方法、もう1つはヤサイとコメとニクから産物を集め、集まった量に応じてそれぞれの産物を公平に再配分するという方法である。

前者の「交換」を行う場が「市場」であり、後者の「再配分」を行う場が「政府」である。ひと月に一度しか開かれなかった市場は、そこに参加する集落の増加や人口の増加、産物の多品種化によって定常的に開かれるようになる。政府も徴収と再配分の仕事が増え、複雑化するにそって組織化されることになる。これら市場と政府が、「都市の性格を有した場所」となっていくのである。

市、宿、浦、泊、津とは、こういった交換や再配分の結節点にかたちづくられた場所である。交換と再配分にあたってコメとニクとヤサイの人たちが、それぞれ不満を言うこともある。あるいは、暴力によって相手の産物を奪おうとするかもしれない。それをまとめるために、市場と政府において、何らかの規範とそれを守らせるための力が必要である。その力は武力であることもあるし、人々の信仰心、つまり宗教の力であることもある。自由な交換の場である市場も、武力で守られてこそ、そこで自由な取引が成立したのであり、境内や門前といった場が都市の原型の1つであることは、宗教の力を使って、市場と政府が成立したということである。

「都市はどのように誕生したのか」という問いを突き詰めていくと、都市とは、そもそもコメとニクとヤサイの人たちが、「カレーを食べたい＝豊かな生活をしたい」と思ったときに、それを実現するために発明されたものである。それらがやがて連担して都市をつくり、城下町を経て、日本の都市は巨大化していく。その間、農村で生まれた人たちに継続的に「カレーを食べたい」という必要性がうまれ続け、それは農村から都市への継続的な人口移動の動機になってきた。中世から数えて300年と少し、それまで農村で生き延びてきた私の先祖も、ついにカレーが食べたくなり、都市に出てしまう。今や都市が大きくなりすぎ、農村は都市の付属物のように扱われることが少なくないが、都市と農村の立場が逆転したのはそれほど古いことではない。

このような視点に立ち返ると、都市はそもそも「豊かな生活をしたい」という目的に対する手段の集合体であったはずである。しかし、私たちは都市に働かされているような気がする。まるで、都市を維持することが私たちの目的であるかのような錯覚をしている。なぜ、いつのまに、目的と手段が逆転してしまったのだろうか。さらには、そもそも「目的」など私たちにあったのだろうか。都市に働かされるのではなく、私たちの目的にそって、どのように都市に働いてもらうべきなのだろうか。

――都市を手段と考える

都市は目的なのか手段なのか。

都市計画家や建築家と呼ばれる人たちが、輝くような空間的なビジョンを提案することがある。例えばフランスの建築家のル・コルビュジェが提案した「輝く都市」、イギリスのエヴェネザー・ハワードが提案した「田園都市」、これらは日本の都市計画に強い影響を与え、日本の都市の目指すべき目標像となった。(3)(4) 都市計画家や建築家たちにとっては空間的なビジョンを実現することが目的であり、彼らはそれが出来れば人々は幸福になるだろうと考えていた。

同じように、縮小する都市についても、空間的なビジョンを提案する都市計画家や建築家は存在する。私も都市計画家のはしくれであるので、こうした提案には共感することが多いし、「こういう都市をつくりましょう」と提案する誘惑にかられることがある。そして、空間的なビジョンが時に人々の意志を糾合する手段として、重要な役割を果たすことがあるのも十分に承知している。

しかし、本書では、人々が目指すべきものとして空間的なビジョンを提案することはやめておきたい。なぜならば、普通の人々は都市をつくることを目的として生きていないからだ。例えば地方から東京に出てくる人は、「東京で暮らそう」「東京で仕事を見つけよう」と思って出てくるのであって、「東京をつくろう」と思って出てくるわけではないだろう。私ですら20年前は同じであった。普通の人は都市をつくることを目的には生きていない。どういう都市を目標にするか、それは、都市計画家や建築家のコミュニティの中で議論すればよいことであって、それは本書の役割ではない。本書の役割は私たちのために都市をどう働かせるか、その時に「都市計画」をどう使ってゆくかを考えることである。

コルビュジェやハワードの空間的なビジョンを否定したのが、アメリカのジェイン・ジェイコブスというジャーナリストである。ニューヨークの都市再開発の反対運動に関わっていた彼女が『アメリカ大都市の死と生』という著書でかわりに持ち上げたのが、「計画されていない都市の魅力」である。「目的を持たないでつくられた都市」と言い換えてもいいだろう(5)。彼女は、都市再開発でゴミのように壊されようとしていたニューヨークの街角を観察することを通じて、いい都市をつくるための有名な4つの原理、「地区は2つ以上の機能を果たすことが望ましい」「街路の幅が狭く、曲がっていて、一つ一つの街区の長さが短いこと」「古い建物と新しい建物が混在していること」「人口密度が十分に高いこと」を提唱する。そして、これらを満たす、目的を持たないでつくられた都市空間の持つ、目的としてつくられた都市空間以上の魅力を指摘した。

彼女が「輝ける都市」や「田園都市」に対抗する新しい空間的なビジョンを提案した、というわけではない。彼女は空間的なビジョンではなく、都市が都市であることの原理に踏み込んだ。そして、目的としてつくられた都市――「輝ける都市」や「田園都市」――には「都市が都市であることの原理」がなく、目的を持たないでつくられた都市にはそれがあるとし、それを破壊してまで空間的なビジョンを実現するべきではないと主張したのである。この原理に注目したことは素晴らしい進歩だった。そして彼女の提案により、世界中の都市計画家たちは、「都市をつくることを目的とすること」の再考を迫られたのである。しかし、本書は都市が都市であることの原理が「目的を持たないでつくられた都市」には存在し、「目的としてつくられた都市」に存在しない、という二項対立的な認識とは異なる立場をとる。

どれほど小さな都市空間であっても、それが計画されないで出現することはありえない。例えば、東京の住みたいまちランキングの上位には、常に下北沢や吉祥寺といったまち（**写真1**）が顔をだす。多くの人たちはこれらを「自然発生的に出来た都市」と言い、例えば多摩ニュータウン（**写真2**）などのように、計画的につくられた都市と対比させて考える。しかし、都市が自然に発生することなどありえない。つくられたものには、必ず目的があるはずだ。ジェイコブスが対比したものは、「広い範囲で一体的に計画された都市」と「小さな単位で計画された建物が連続した都市」の違いだけであって、「計画をする」ということから見ると、両者は違わない。**写真1**に写し出された風景にある看板はお店の目的と計画の、建物は建物のオーナーの目的と計画の、道路は行政の目的と計画のもとにつくられたはずだ。

都市空間は一つ一つの目的と計画が積み重なって出来たものだ。決して自然に、目的を持たずに出来たものではない。だから、もしかしたら、ジェイコブスが1950年代のニューヨークを見て魅力的だと感じた「都市が都市であることの原理」は、彼女がこきおろしたコルビュジェやハワードの空間的なビジョンに基づいて設計された都市には、「現在は」あるかもしれない。

都市空間にある全てのものには、つくった人の目的が込められている。空間は目的を実現す

写真１　下北沢の街並み

写真２　多摩ニュータウンの街並み

る手段としてつくられ、その手段の集積が都市空間である。しかし、出来てから時間が経てば経つほど、空間をつくった目的は忘れられていき、かわりに、それを「自然」であると、元からあったかのように誤解する人たちが増えてくる。そして、そのように誤解した人たちは、やがて都市を維持するために、懸命に自分たちを働かせることになる。都市は自然である、だからなにもしないという態度ではなく、計画をするという意志は普遍的に重要なのである。

この本は都市を「自然」と受け止めず、誰かの計画にもとづいた「手段」の集合であるとの立場をとる。積極的に、そのような手段の集合である都市をどう読み替え、新たな目的、新たな計画に基づく「手段」として、どう働いてもらうか、という立場をとる。

こういう立場は、都市の歴史保全派からは毛嫌いされるかもしれない。都市の空間を歴史的な部分とそうでない部分に分けて、歴史的な部分については、柱の一本も動かしてはならない、という主張をする人たちは多いものだ。歴史的な都市空間が残るヨーロッパの都市へのコンプレックスから、歴史的な部分を少しでもかき集め、それを日本の都市を歴史的な都市にするための橋頭堡《きょうとうほ》にしようという人は少なくない。もちろん歴史に敬意をはらわないわけではないが、歴史ですら本来は私たちが都市を読み替える時の手段であり、目的ではない。都市の目的は「都市のために、都市の歴史を保存する」という倒置された論理にもとづくものではあってはいけないはずだ。観客が一人もいないような歴史博物館をつくりあげる、そんなことはやってはいけない。

時間が経つにつれて、歴史的なものとして認識される空間は広がり、そのことが歴史的な空間に対する共通認識の形成を難しくする。筆者が20年前に大学院で受けた講義で、当時40代の建築家から、小さな町の古びた町並みの風景と、都市郊外の古びた、しかし近代的な箱形の団地の風景の2枚の写真を見せられ、どちらが美しいかを問われたことがある。彼が期待していた答えは「小さな町の古びた町並み」であったが、その時に筆者はその期待を理解しつつも、どちらが美しいか答えることが出来なかった。

ある世代から上の専門家達にとって、計画されてつくられた新しいものと、古きよきものとの対立は、まだはっきりしていた。近代的な理論に基づいて計画されたものは、機能的ではあるが美しくない。古くからある人間の手仕事に基づくものは、無駄はあるが美しい。彼らはこうした分かりやすい対立軸を持ちやすかった。彼らの多くは子どもの頃に「団地」で育っていない。彼らの頭の中には、「日本の古き良き生活」の体験が刻み込まれていた。彼らにとってみたら、コルビジェの思想にもとづく箱形の団地は非人間的な空間の代表であり、ニュータウンも心地悪いことこの上ない空間だったはずである。

しかし筆者は、子どもの頃に近くにあった団地の階段室を懐かしく思い出すし、箱形の建物が均等に並んでいる空間に居心地のよさを感じたりする。こうした感覚は、近年にあちこちで実践が見られるようになった、古い集合住宅団地を自分たちのライフスタイルにあわせてリノベーションして住みこなしていく、という取り組みが持つ感覚に共通するものだろう。近代的な理論に基づいて計画されたものは、機能的ではあるが美しくない、ということは、共通する感覚ではないのである。

であるから、筆者は都市の空間を、近代的な理論に基づいて計画されたものと、古くからある人間の手仕事に基づくものの対立としては理解しない。都市を「自然」と受け止めず、誰かの計画にもとづいた「手段」の集合であると理解し、都市をどう読み替え、新たな目的、新たな計画に基づく「手段」として、どう働いてもらうか、という立場をとる。そこにおいては、古いもの・歴史的なものも、近代になって計画されたものも等しい。

つまり都市の空間的なビジョンを実現することを「目的」とはしない。既にある都市を保存することも「目的」としない。どんな都市であっても、それを目的とせず、徹底的に手段として働いてもらう、というスタンスをとる。

――人口増加時代の都市

では、都市を手段として使うときの「目的」とはなんなのだろうか。私たちはどういう「目的」を持ち、それを実現するためにどういう風に都市を使えば良いのだろうか。

ここで、まず日本の都市が、どういった目的のもとで使われてきたのかを見てみよう。

戦後の都市の拡大とあわせて、日本は経済成長を遂げる。敗戦のあと、製造業を中心とする産業を再興し、国内の市場を育て、世界市場に接続して生産物を売って富を獲得し、世界市場での主役になっていくという歴史である。その時に、経済成長のエンジンとして使われたのが都市であり、戦後の都市は「経済を成長させる」という目的を実現するために使われた。

戦後の日本の社会には経済成長をドライブさせるいくつもの仕掛けが仕込まれているが、その中心には、人々に小さな土地と住宅を購入させて経済市場に組み込み、その負債を返還するために人々を勤勉に労働させる、というエンジンがある。詳しく見ていきたい。

まずは土地から。土地というものは不思議なものである。日本の国土の大半は個人や企業が所有しているが、国土を政府が所有している国もある。日本では土地を所有する権利と借りる権利が分かれているが、借りる権利しか認められていない国もある[6]。土地と人間は切っても切り離せない関係であるので、人間が多様であることと同様に土地との関係は多様であり、文化の数だけ土地の使われ方はある。そして日本は、土地を徹底的に市場に組み込み、経済成長のための手段として利用した国である。

腐ったジャガイモばかりが売られている市場は誰からも信頼されない。そこに信じられる、誰もが価値を共有出来る品物が流通しているかどうかで、市場は信頼される。戦争の直後、当初は腐ったジャガイモであふれ、貨幣ですら十分に信用されていなかった国内の経済市場に、誰もが信用する財として投入されたのが土地であり、土地の持つ信用をテコにして、日本の市場は大きく発達し、安定し、経済成長が持続することになる。

では、土地はどのように組み込まれたのだろうか。市場に組み込むためには財として手頃な大きさである必要がある。特権的な一部の人ではなく、財を購入できる人が多くいればいるほど市場は大きくなる。そのためにも、財の大きさをコントロールして価格を下げ、市場に参加出来る人を増やす必要がある。つまり、土地を小さく刻むことがスタートである。

その後押しとなったのは、国レベルの制度改革、第二次世界大戦後にGHQが主導して実行された、都市近郊部における農地解放（1947〜50年）と、都市中心部における財産税（1946年）である。これらは戦前の全体主義への道を誘導した大規模な地主の解体が目的ではあったが[7]、結果的には都市とその近郊に中規模な土地の所有者を大量につくり出した。土地を売買するという大土地所有者の特権を解体し、万人の権利として再構成したのである。土地の所有者が少なければ、ごく少数の意向で市場の動きは左右されてしまう。所有者が増えれば増えるほど、売る人も増えるし、買う人も増える。農地解放は土地を小さく刻むことで、国民の全てを経済市場に組み込む基礎をつくったのである。

次は住宅。土地を誰も欲しがらなければ財としての意味はないが、土地を万人が欲しがる事情があった。それは、都市部への人口集中によって引き起こされる住宅不足と、住宅の質向上の欲望である。

第二次世界大戦終了後の1948年の段階で、我が国には1385万戸の住宅があり、人口に対して約400万戸の住宅が不足していたと言われる[8]。一人あたりの畳数は3・5畳（江戸間の換算で約5・4㎡）であり、これは今の水準で言えば、たとえば住生活基本計画全国計画

（2006年）で定められた「一人当たりの最低居住面積水準」である10㎡の半分の数値である。その後、人口増加にともなって世帯数は増え続け、生活の変化によって1つの世帯が必要とする住宅面積も広がっていった。世帯数が住宅数を上回るのは1973年のことである。若い世帯は最初は小さなアパートを必要とし、家族が増えると戸建ての住宅を必要とするようになる。これらを大きなエネルギーとして、土地に住宅が建設され続け、都市に流入した人口がそれらを購入する。農地解放で小さく刻まれた土地が、住宅向けにさらに小さく刻まれ、手頃な大きさになって市場に流れ込む。人々はそれを購入し、経済市場に次から次へと参画することになった。

土地と住宅を購入することがなぜ経済成長につながるのか。経済成長のためには、市場に出来るだけ多くの人に参加してもらう必要があった。土地や建物につけられた値段は、小さく刻まれていたとはいえ、普通の人たちには手が出ない値段であった。そのため、普通の人たちは、借金をして土地や住宅を購入し、土地や住宅に暮らしながらその借金を返済し続けることになる。いわゆる住宅ローンであるが、1970年代まで民間の住宅ローンの仕組みは未発達であった。そのままでは誰も経済市場に参画することが出来ないので、政府が人々にお金を貸し付ける住宅金融公庫をスタートさせる。ローンは一時的な関係ではなく、人々と経済市場の長期的な関係をつくる。返済の期間が長期化したぶんだけ、人々は経済市場に参加し続けることになる。裏を返せば経済市場は土地や住宅をテコに、長期間、変わることのないプレイヤーを獲得することになる。このことは、企業にとってみると、経済市場からドロップアウトすることの無い、安定的な労働者の獲得を意味する。

戦後の日本の社会が「成功した社会主義」と呼ばれることもあるほど、プレイヤーたちは、計画的に、勤勉に働いた。自身の労働力と交換して産物をつくり、それを国内のみならず海外にも販売して経済市場を成長させることになる。各家庭には貯蓄が奨励されていたが、これとて人々が稼いだお金を、銀行を介してもう一度企業の設備投資に廻す、という意味がある。彼らは贅沢すらせず、市場をひたすらに成長させていったのである。

人々が生まれた土地、もともと所有していた土地にとどまっているのであれば、土地と住宅が商品化される必要はない。土地と住宅は、人口が都市に集中したことが原因で交換の対象になった。人々は、都市に引き寄せられ、都市自身を再生産しながら、その都市を介して経済市場に参加する。つまり国民が経済市場に参加し、長期的に働いて経済市場を成長させていく、という経済成長の仕組みの中心に都市が存在するのである。「戦後の都市は『経済を成長させる』という目的を実現するために使われた」とはこのことを意味している。

こう書くと、まるで国家や政治家がこうした仕組みをつくり出したかのようにみえる。しかし、単一の意志がこの仕組みをつくったという理解は正確ではない。この仕組みは多くの個別の制度で構成されている。個別の制度にはそれぞれの制度設計者が存在するが、全体の仕組みの設計者が存在するわけではない。農地に関する制度、都市に関する制度、住宅に関する制度それぞれの制度設計者の無意識の共同作業の結果がこの仕組みである。例えば、農地改革や財産税による戦後の大土地所有の改革は、土地を小さく刻んで不動産市場をつくり出したが、そもそもは市場をつくり出すことを意図したのではなく、民主化を促進することを目的としたものである。

これらの仕組みに無理があれば、どこかでひずみが出ていたはずであるが、多くの日本人の伝統や無意識にぴったりと合致したのであろう。戦後から70年が経った現在も、この仕組みがかたちを変えつつも生き残っていることをみると、私たち全てが、この仕組みの無意識的な共犯であったと言える。

この「無意識」を外す作業を、すこし続けよう。

――都市計画とはなにか

私の専門とする「都市計画」も、この仕組みの一部である。

法律に基づく都市計画の仕組みは単純であり、2つのことしか行われていない。1つ目は税金として集めたお金をもとに皆が使う空間を整備すること、もう1つは普通の人たちが、自分たちで空間をつくる時に、「こういう風に空間をつくって下さい」とお願いをしてつくってもらう、ということだ。前者は例えば公共事業として行われる道路整備、後者は例えば個々の住宅が建てられる時に、高さを揃えたり、材料を揃えたりする規制を設け、住宅を建てる人がそれにしたがってまちなみをつくる、ということだ。政府が中心となった財の再配分を通じて都市空間を整えるのが前者、民間と民間による財の交換を通じて都市空間を整えるのが後者である。お金があっても皆が土地を提供してくれるかどうかわからないこともあり、お願いするだけでは人々は言う事を聞いてくれないこともある。そこで、もっともらしい理由をつけて、それらを強制的に出来るようにしたものが都市計画の制度である。

既述の通り、都市は経済成長の手段として使われた。人々が自身の労働力と土地・住宅とを、住宅ローンの仕組みをつかって長期間にわたって交換することを通じて経済市場は安定的に成長した。都市とは、人々が労働力と交換することによって手に入れた土地・住宅の集積である。そこで都市計画はどのような役割を果たしたのだろうか。それは、都市において土地建物の財としての価値が落ちないようにする、ということであった。人々が労働力と引き換えに手に入れた土地・住宅が、日当りが悪かったり、病気の温床であったりしたら、人々は土地建物を欲しがるだろうか？　もし、誰も欲しがらずに価値が落ちてしまうと、経済成長を支える基本的なエンジンが信用を失うことになる。腐ったジャガイモばかりが売られている市場は誰も信用しない。都市計画の役割は、腐ったジャガイモが市場に入る前に選別すること、そして、市場に入ったジャガイモが腐らないようにする、ということにある。具体的にどのような仕掛けになっているのか、詳しく見ていこう。

財の再配分と交換の組み合わせで都市はつくられていく。財の絶対量、つまり人々の労働力と土地の絶対量は限られているため、財の再配分と財の交換はトレードオフの関係にある。人々から多くの税金を集めたら、財の交換にまわる財が少なくなる。立派な道路や公園は出来るかもしれないが、人々が住宅を建てるお金が残らなかったら、何の意味もない。逆に、税金を集めず、財の交換だけで都市をつくろうとしたらどうなるか。人々は、出来るだけ自分達の空間を多く確保しようとし、道路や公園については殆どの人が配慮しないだろう。結果的に立派な住宅が舗装もされてないような細い道に面するという都市が出来てしまい、それは都市の価値を下げることにつながる。この、財の再配分と交換のバランスは国によって異なるが、相対的にみて我が国の都市計画は財の交換を重視することになった。

日本の都市計画家たちが口を揃えて悔しがる事件に、「グリーンベルトの失敗」がある。グリーンベルトとは、1924年に提唱され、その後にロンドンをはじめとする各地の都市計画で実現しているものであり、都市の既成市街地の周りに農業、園芸、牧場等よりなる大きな緑のベルト地帯をもうけ、都市の拡大をそこで抑制するという方法である。(9) 我が国の都市計画でも、これを東京で実現しようという計画はあった。「東京緑地計画」が1939年につくられ、当時の東京市の外縁、現在の環状8号線のあたりに幅1～2km、1万3263haにおよぶ「環境緑地帯」が決定されている。しかし、結果的にはグリーンベルトは実現しない。それはグリーンベルトに相当するエリアの土地の持ち主達――多くが農地解放によって土地を持つことが出来た、中規模の土地所有者である――が徹底的に反対し、最終的に制度の側がそれを承認し、1969年に計画そのものを撤廃したからである。環境緑地帯は、土地を買収して実現しようとした典型的な財の再配分型の都市計画である。(10)

グリーンベルトと同様に、財の再配分により都市計画を実現しようとして失敗した事件は沢山ある。もちろん、再配分型が勝利する事件もあり、交換型が勝利する事件もある。こうした小さな事件における意志決定がいくつも重なり、財の再配分型と交換型のバランスが定まっていき、結果的には、日本の都市計画は財の交換型が重視された仕組みになってしまった。

では、財の交換型の都市計画には、どのような「腐ったジャガイモの選別の仕掛け」が仕込まれていたのであろうか。その主要な仕掛けの1つは「道路が無いと建物を建ててはいけない」という、きわめて単純なルールである。建築基準法という法律には、「『道路』とは（中略）幅員四メートル以上のものをいう。（第42条）」「建築物の敷地は、道路に二メートル以上接しなければならない。（第43条）」と定められている。4m以上の道路に敷地が2m以上面していれば、建物を建てることが出来る一方で、4m以上の道路に面していなければ、建物を建てることが出来ず、土地としてはほとんど利用できない、という単純なルールである。これがジャガイモにつけられた最低限の基準である。道路さえあれば土地は腐ったジャガイモにはならず、財でありつづけ（もちろん、その価値は上下することはある）、それを持っている人は、市場などを通じていつでも別の資源と交換出来る。たかが4mと言うなかれ、当時は財源も十分でなく資源再配分型の都市計画で道路をつくることも覚束なかったわけであるが、このルールによって資源交換の際に「土地を財としたければ、道路を自分達でつくってください」と注文がつけられるようになり、実際に多くの人たちが、自分達の労働力と土地建物を交換する中で、建物と一緒に道路もつくっていくのである。

このルールを使って、財の交換型で都市空間をつくり上げていく考え方がよくあらわれているのが、都市計画でよく使われる「土地区画整理事業」の手法である。多くの人が土地区画整理事業の意味を誤解しているが、土地区画整理事業は、政府がそこに建っている建物を根こそぎ壊し、道路を規則正しく整備し、新しい町をつくる、というスクラップ・アンド・ビルドの手法ではない(11)。この手法は、土地を持っている人たちが、自分達の土地を市場で流通する財とするために、協力して土地を出し合って道路や公園をつくったり、それぞれの土地の形を整えるという手法である。土地は道路に面していないと財にはならない。公園があったほうが財としての価値は高まる。大きな土地を小さな土地に分け、整形しないと市場で財として流通しにくい。土地区画整理事業とは、土地を持っている人たちが、お互いの土地を市場で交換しやすい財として仕立て上げる、まさしく財の交換型の手法である。その前提となるのが「道路が無いと建物を建ててはいけない」という単純なルールである。

土地区画整理事業でつくられた土地は、道路に面した、形の整った交換性の高い財として市場に投入される。あとはその土地を購入した人が、その上に建物をつくることで都市の空間は完成である。こうしたことが、税を集めた財の再配分で実現されるのではなく、財の交換で実

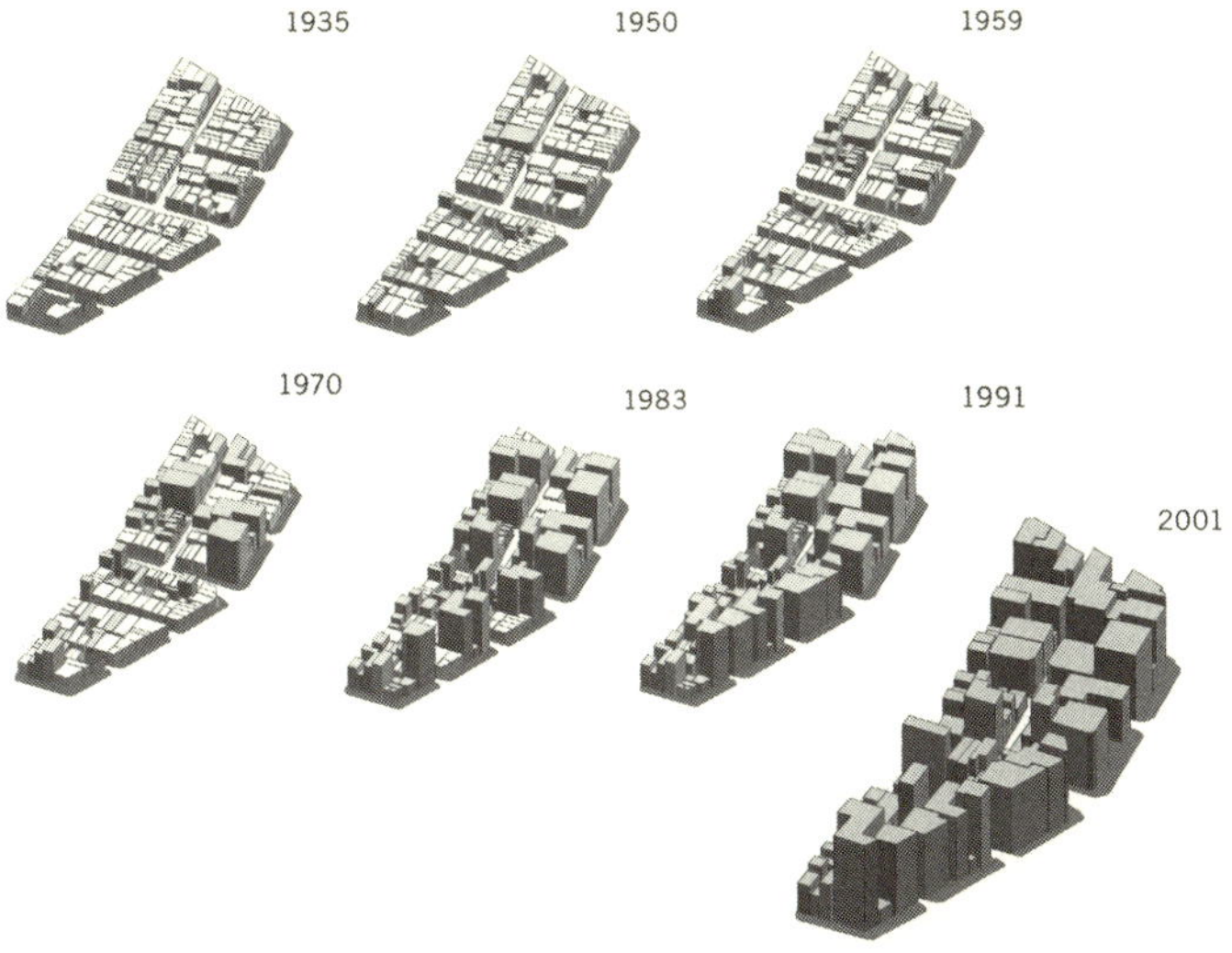

図1　1935年から2001年までの神田須田町の変遷

現される。こうして日本の都市がつくられ、都市計画は市場に入り込むジャガイモの品質管理をし、信頼のおける財を成立させるものとして機能した。

　こうした財の交換の結果で出来上がった都市空間は、どのような外見をしているのだろうか。**図1**は東京の都心にある神田地域の都市空間の変遷を示している。このあたりは１９２３年の関東大震災の復興時に行われた土地区画整理事業で出来ている。土地区画整理事業が完成したのが１９３５年、途中の戦災による一部の焼失を経て、戦後を通じてそれぞれの土地を媒介にした活発な財の交換が行われた。土地区画整理事業によって道路に面した土地がつくられているため、それぞれの土地は財として自由に交換される。

土地と建物は市場の中で信用される財として流通し、人々はそれを使って、経済市場を成長させていった。ある時期の神田には卸問屋が集積していたが、土地や建物の所有者には、自分達の商売を拡大する資金を調達する時に担保として土地を使った者もいれば、土地を高度利用してビルを建て、その床を新しく神田にやってきた人と交換した者もいた。新しく神田にやってきた人たちは、自分達の労働力と引き換えに土地や建物を手に入れ、さらにそれを担保にして経済を成長させていく。このようなことを可能にしたのが土地区画整理事業であり、そこでは「腐ったジャガイモ」が流通しないように定められた都市計画のルールが効いているのである。

この都市計画をどう評価するか。「たられば」で、起きなかった問題を議論することになるが、戦後の日本の都市にはスラムが発生しなかった。[12] スラムとは、都市の中で貧困層が集中して居住するエリアであり、住宅や道路、上下水道といった生活を支える空間が十分ではないエリアである。都市部への人口集中を原因とすることが多くある。そして、戦後に急激な人口集中が起き、一定程度の貧困層を社会の中に抱えていたにもかかわらず、スラムが顕在化しなかったことは日本の特徴である。もちろん、第二次世界大戦直後、あるいは大規模な災害の直後には、スラム的な空間は生まれた。しかし、スラムの問題は、それが長期化し、そこでスラムに暮らす世代が再生産される状態にあることにあり、過渡的なスラムはそれほど問題ではない。戦災のスラムは経済成長にともなって多くは雲散していったし、わずかに残ったものや江戸期の身分制に起因するスラムは、重点的な公共投資によってほぼ空間的に顕在化しなくなる。我が国ではスラムに対する対策、少なくとも都市空間の対策については、ほぼ1970年代には収束したのである。

例えば、一部の特権的な人たちだけしか土地を売買できない市場であったら、雇用が短期であれば、長期にわたって返し続けることが可能であることを前提とする住宅ローンという考え方自体が成立せず、誰も住宅にお金を使おうとしない社会になっていたかもしれない。「道路が無いと建物を建ててはいけない」というルールがなければ、スラムであった土地が財として経済市場に流れ込み、結果として道路が全くない高密度な都市――たとえば、香港の有名な九龍城砦のような都市が出来上がってしまっていたかもしれない。それは腐ったジャガイモとそうでないジャガイモの混在を意味し、経済市場自体のリスクになっていた可能性もある。

そう考えると、この仕組みは舌をまくほど巧みに出来ている。この仕組みを使って出来上がった都市は、たとえばローマやパリといった歴史的な都市に比べると、いかにも安っぽく、急造品である。しかし、都市空間の大半が戦争で焼失した状況において、上出来だったのではないだろうか。

風景はどうつくられてきたか

東京を例にとって、この仕組みがどのように作用して都市の風景がつくられてきたかを見ておこう。

写真３　銀座の街並み

１つ目の風景は東京の中心部、銀座のあたりを撮影したものである（写真３）。このあたりは関東大震災で焼失し、そこに土地区画整理事業が行われ、東京大空襲による焼失を経て、戦後の経済成長にあわせて再び建物が建ち並んだところである。土地区画整理事業が行われているために土地の高度な利用が可能であり、上空から眺めると決して美しい風景ではないが、一つ一つの土地を持っている人がお互いに調整をしつつも、思い思いに土地と建物を利用した結果の合算がこの風景である。

２つ目の風景は「木造住宅密集市街地」とよばれる地域である（写真４）。このあたりは関東大震災の前後に人口が都心から東京市の外縁に流出したときに急激に形成された市街地である。関東大震災の復興では、被災し

写真４　木造住宅密集市街地の街並み

たエリアには力を入れた土地区画整理事業が行われたが、その外側には無頓着であった。農村的な空間にそのまま人口が流れ込んだために、微地形に沿ってまがりくねった農道やあぜ道の形がそのまま残されてしまい、道路や公園といった空間が欠けた「腐ったジャガイモ」になりかねない土地が大量に出現した。そして、その後の絶え間ない人口流入を受けて交換が繰り返され、高密化が進む。だが、そこには「道路が無いと建物を建ててはいけない」というルールが途中からしっかりとかかる。道路が少ないために土地の高度利用がされにくく、都心に近いが低層で高密な不思議な空間が形成された。街路が狭く、木造の建物が集中していることから、地震やそれにともなう火災に弱く、東京の都市計画の負の遺産と呼ばれることもあるが、治安が極端に悪い場所でも、貧困層が集中している場所でもなく、「スラム」ではない。

写真５　住農混在地域の街並み

３つ目の風景は、木造住宅密集市街地の少し外側にある地域である（写真5）。このあたりになると、計画の力が都市化の力と均衡しはじめる。このあたりは江戸へ野菜を供給する農村であったが、物流が発達してその地位が無くなったこと、東京に人口が集中したために農地を宅地化する圧力が高まったことから、農地が徐々に市街地へと取って代わってきたところである。農地の所有者の個別の判断で市街地が個別的に形成されてくるという意味では木造住宅密集市街地と同じであるが、このあたりになると、建物をつくる時に４ｍの道路に面してなくてはいけない、というルールが効き始めており、道路をつくりながら市街地が出来てきている。一方で、全ての農地が無くなったわけではなく、農地と市街地がところどころ混ざり合った風景がそこ

写真６　多摩ニュータウンの街並み

には残っている。

４つ目の風景は、さらに東京の都心から離れたところにつくられた「ニュータウン」の風景である（写真６）。政府が税を使って土地を買い上げ、道路、公園といった都市施設をつくり、良好な環境をもつ住宅を建設し、市民に住宅を売却してつくり出された市街地である。我が国には珍しい徹底した財の再配分型の都市計画であり、理想的な市街地をつくるという目的のもと、膨大な公的資金が投入されている。ここまで徹底すると、隅々まで計画された市街地をつくることができる。写真はニュータウンの中に張り巡らされた歩行者専用の道路であり、ここに住む子ども達は、一度も自動車を見ることすら無く、公園の中を歩くような感覚で小学校に通えるのである。住宅、道路、公園、小学校といったものが同時に計画されたことでこの風景がつくられている。

東京の都市空間の大転換となった関東大震災は1923年のことであり、そこから一度の戦災を挟んだ、わずか90年程度の間に、これらの4つの風景はつくられた。財の再配分型と財の交換型の都市計画のバランスがそれぞれ少しずつ異なっていたり、人口増加に対してやや後手にまわったところと先手を打ったところの違いはあるにせよ、都市に集まった人々を「経済成長のために都市を使う」という目的のもとに糾合し、つくり上げてきた都市である。都心は景観が乱雑であるし、木造密集市街地は災害に対して危険であるし、都市と農業の境界ははっきりしないままであるし、ニュータウンには人間味が欠けている……と欠点をあげればキリがない。しかし、加速度的に集中する人々にうまく目的と仕組みをあたえ、彼らを都市計画に巻き込んで、スラムを発生させないように都市をつくりあげたことは、上出来だったのではないだろうか。そしてこのようにつくり上げた都市を、私たちはこれからどういう目的のもとで使っていけばよいのだろうか?

都市と脱貨幣

最後に、もう1つの無意識の前提を外しておきたい。それは都市の発展において貨幣の果たした役割である。

ここまで述べてきた通り、日本の都市は財の再配分と交換でつくられてきた。私有される空間は人々が自身の労働時間を土地建物と交換することでつくられ、道路や公園や公共施設などの公共空間は徴税によって財が集められた後の再配分でつくられている。その再配分と交換を媒介したものが貨幣である。人々は自身の労働時間を交換して貨幣を得て、その貨幣を交換したり再配分したりすることによって都市をつくりあげてきた。そのため、都市はその成長過程において貨幣が媒介する市場経済に徹底的に組み込まれてしまった。

貨幣だけに媒介される単一な市場経済が崩壊すると、都市空間が連動するように崩壊することを、２００８年のリーマンショックが露呈した。リーマンショックはアメリカの低所得者向け住宅のサブプライムローンの崩壊であり、それはまさしく貨幣が媒介する市場に組み込まれてしまった都市の崩壊である。結果、アメリカの低所得者層の生活空間が壊されてしまった。これに対抗するにはどうすればよいか。私たちは、都市を成長させ、存在するために貨幣が不可欠である、という無意識の前提も外していかなくてはならない。

そもそも再配分と交換は、たとえば米を媒介にしてもできるし、物差しさえしっかりしていたら、直接的な財の交換＝物々交換も成立する。なぜ貨幣がなければいけなかったのかを考えてみると、単純にそれが便利であったこと、再配分と交換が成立するための障壁を最小化し、再配分と交換の速度を加速するものであったからである。例えば手持ちの財で土地や建物を手に入れられない時に、ローンを組むというかたちで自身の将来の労働時間を土地と建物とに交換する。将来の労働時間という、いかにも数えにくそうなものを交換の一方の財とするために、労働時間を貨幣に換算することは不可欠であるわけである。再配分も交換も、再配分と交換をすることと自体にコストがかかるとスピードが落ちる。戦後の日本の都市は、圧倒的に不足する道路や公園、圧倒的に不足する住宅がその始まりにある。沢山の人口が持つ膨大な労働時間を再配分と交換で調整しながら都市をつくりあげるときに、その速度を高めるためには貨幣を媒介にするしかなかった。

しかし、ここから先の人口減少時代は、都市空間は「圧倒的に不足」ではなく、むしろ「やや十分」である。それをつくるために「人口が持つ膨大な労働時間」を急いで再配分と交換で調整する必要もない。再配分と交換の速度はゆっくりでよく、その時に、必ずしも貨幣を媒介させる必要はない。

歴史を見ると、そもそも社会には貨幣などなく、貨幣を媒介とせず再配分と交換が行われていた。和同開珎なんて最初は誰も使わなかったそうだし、徴税も長いあいだ米が使われていた。こういった媒介の手段は歴史の中で徐々に貨幣に取って代わられてきたわけであるが、全ての媒介の手段が単方向的に貨幣に取って代わられつつあるという理解は正確ではない。身の回りの生活を見回してみよう。たとえば子どもたちは、貨幣を媒介とせず、ポケットモンスターのカードを交換する不思議な市場をつくりあげる。新しいポイントカードの仕組みが出来て、人々がそれを集めたり、何かと交換したりするのに熱中することもある。つまり、再配分と交換は、人間が関係をつくり出すときに自然とつくり出される関係であり、そこに貨幣は必要不可欠ではなく、貨幣を媒介としない仕組みも次々とつくられているのだ。再配分と交換の仕組みは人間が生活を行っていくために必要なものとして次々に、あちこちに自生して、その全ては必ずしも貨幣だけを媒介にするものではない。

都市はすっかり貨幣を媒介とする経済市場に組み込まれてしまったように見えるが、その足下では、次々と新しく媒介するものが生まれ、それらに媒介された経済市場が生み出されている。楽観的な言い方になるが、私たちはそもそも、何らかのものを媒介させて再配分と交換の仕組みをつくり出していく「力」を生得的に持っているのである。ここで、都市が貨幣を媒介とする経済市場に組み込まれているという無意識の前提を外し、別のものを媒介とする経済市場を組み込んでいく、という可能性があることを認識する必要がある。

――都市への4つの態度

ここまでで、都市は目的ではなく手段であること、都市を使う目的が「農山漁村において豊かな生活を送る」ということから「経済を成長させる」という目的に取って代わられたことを見て来た。人口の減少が始まり、もはや国をあげて経済成長をしなくてもいいのではないか？という時代において、都市をどのような目的のもとで使っていけばよいのだろうか。

改めて問題をまとめよう。ある時代の日本人が、ごちゃごちゃと議論をしながらも、おおよそのところで合意していたのが、「経済成長のために都市を使う」という目的である。目的はシンプルであるが、それに付随して実に巧みな仕組みが練り込まれていたことは述べた通りであるし、それが押し付けられたものではなく、無意識的に選びとったものであることも述べた通りである。そこで大きな役割を果たしていたのが貨幣であり、私たちの目の前には、その結果として生み出された、貨幣経済に抜きがたく組み込まれた、いつでも交換可能な財の集合体としての都市が広がっている。

「経済成長のために都市を使う」という目的は、ある種の熱気をともなった目的として広く社会に受け入れられた。例えば東京を世界の冠たる都市にする、という目的と、時々に出される都市像は都市拡大期の日本人の都市への忠誠心をくすぐるものであったし、都市の成長にあわせて、購買心をくすぐる輝かしい郊外の生活像（図2）も準備されていた。都市像と生活像、つまり都市を成長させるという目的と、自身が豊かな生活を送るという目的はぴったりと合致し、猛烈な速度で成長は進んだわけである。しかし本来、都市は人々が豊かに暮らすための手段であって目的ではない。ある程度は豊かな空間を手に入れた現在、そして、人口減少が始まっていよいよ空間が余り始めた現在、その目的が持っていた、多数の人々に対する求心力は失われる。これから先の日本で、こういった個々の目的を統合するような目的は出てきそうにもない。

「経済成長のために都市を使う」という目的の求心力が失われるとどうなるか（図3）。そこには都市への4つの態度があらわれる。人々は、まず目的を喪失する人たちと新たに目的を持つ人たちに分かれる。そして、目的を喪失する人たちは、それにもかかわらずA 惰性のように**経済成長のために都市を使う人たちと、B 目的無く都市を消費する人たち**に分かれ、新た

図２　東京急行電鉄株式会社による「多摩田園都市」開発のパンフレットに示された完成予想図。1966 年

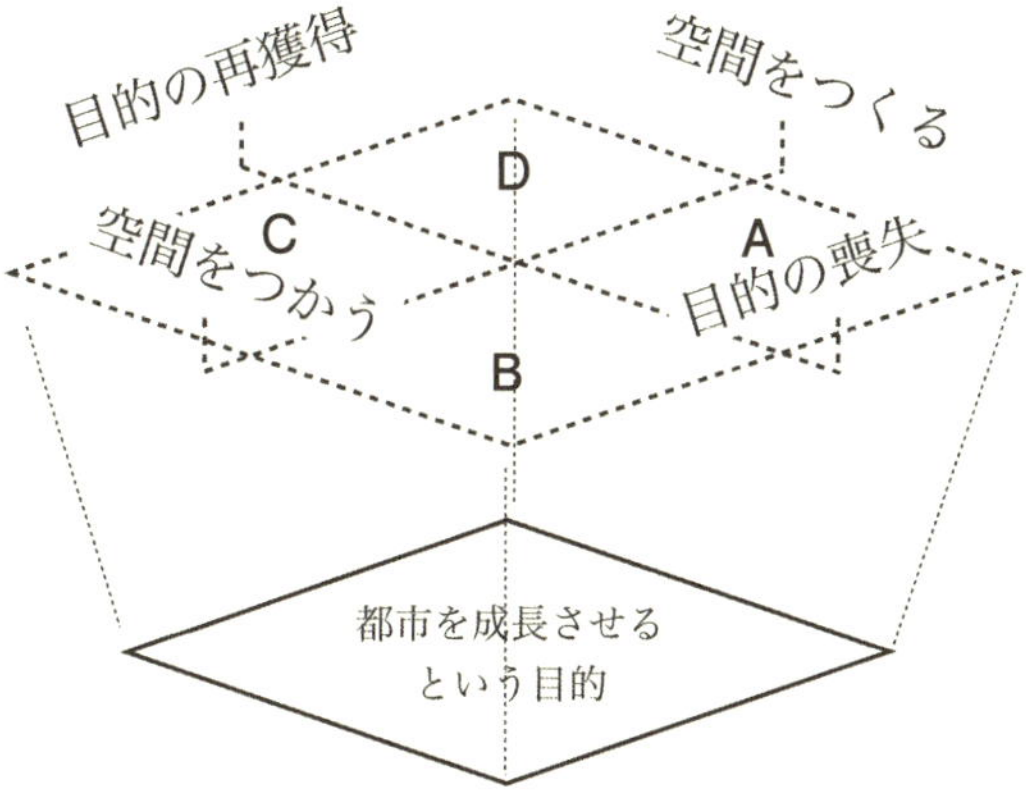

図３　都市への４つの態度

に目的を持つ人たちは、**C 新たな目的を持って都市を成長させ続ける人たち**と、**D 新たな目的を持って都市を消費する人たち**に分かれる。

一つの目的を全員が信じている、全員が信じるべきという時代は確実に終わりであり、目的を持つ人と持たない人、都市を成長させる人と消費する人が混在している時代が始まっている。ある人は都市をまだまだ成長させて豊かになりたい。別の人は、これ以上は都市を成長させることに資源を使わず豊かに暮らしたい。ある人はこれまで通り都市を成長させるという目的を信じたい。ある人は、都市に寄生するように暮らしていきたい。ここに起きていることは、目的の変化ではなく、目的の多様化、多元化である。4つのタイプ毎に見てみよう。

A 惰性のように経済成長のために都市を使う人たちは、都市拡大期の多くの日本人と同様に自身の労働時間を空間と交換して都市空間をつくり続ける。彼らは貨幣を媒介とする経済市場に否応無しに接続され、多くの貨幣を得て、同じだけの貨幣を空間に使う。例えば現在も東京の都心部に多くつくられている、一棟数百億円くらいのタワー型のマンションの一部分を購入するような人々である。

B 目的無く都市を消費する人たちは、100円ショップなどの経済の成果を無自覚に享受しつつ都市の空間を使い続けていく。彼らはここまでの日本の都市の成長の中でつくられた空間、自身の親から受け継いだ住宅や、公営住宅、安価なアパートメントなどを拠点にして最小限の生活を成り立たせる。言わばつくられた空間の貯金を切り崩しながら生活を組み立てる人々である。高度に都市空間が構築されているからこそ可能になったスタイルである。

C 新しい目的を持って都市を成長させ続ける人たちは、自分たちの目的にあわせて都市を使い、貨幣を媒介とする経済市場から必要なだけの富を得て、それを空間にも投資しながら生活を豊かにしていく。東京であっても、地方であっても、都市にあっても、農村にあっても、人々が直接グローバル経済につながり、富を得ることが容易になったからこそ可能になったスタイルである。

D 新しい目的を持って都市を消費する人たちは、自分たちの目的にあわせて都市にこれまでつくられた空間を積極的に使い続けながら、貨幣を媒介とする経済市場から能動的に距離を置いて暮らしを送る。例えば大都市郊外において見られるようになった、自宅を周辺に開きながら生活する「住み開き」などは、自身の所有する空間を貨幣を媒介させずに別の価値に変えていくスタイルである。つくられた空間の貯金を切り崩しながら、それを意識的に使って生活を組み立てる人々である。

ここでは類型的に4つのスタイルを示したが、どのスタイルが望ましいか望ましくないかではなく、重要なことは、こういった人たちが混在することが可能で、人々が自由に4つのスタイル間のシフトチェンジが可能であり、多くの人の多元化した目的を多元的に実現することが可能であるのがこれからの都市の条件である、ということだ。

本書の目的と構成

日本の人口減少がいよいよ本格的にはじまり、近年は都市を縮小する様々な取り組みがうまれている。しかし立ち止まって考えてみよう。私たちは、都市のために、都市を縮小しようとしていないだろうか。

本来都市は、私たちが豊かに暮らすための手段であったはずだ。いつのまに、都市を維持することが私たちの目的にすり替わってしまったのだろうか?

人口増加時代では、増えつづける人々に豊かな生活をゆきわたらせるために経済を成長させることが目的であった。都市はそのための手段として使われたのである。人々はこの目的を積極的に選択したわけではないが、この共通の目的のもと、結果的にはスラムのような大きな空間の偏在を発生させることなく、増えつづける人々に豊かな生活をゆきわたらせることに成功した。都市計画の仕組みもそこに抜きがたく組み込まれており、都市計画によって都市の空間は経済市場の中を動き回る交換しやすい財となり、経済市場をより強固なものにすることに貢献した。

しかし、人口減少が本格化し、経済を成長させることが人々の共通の目的ではなくなる。都市の空間は余りはじめており、急いで都市の空間をつくらなくてもよい。共通の目的が持つ求心力は弱くなり、人々はそれを自分の目的とはしなくなる。かわって顕在化してくるのは、人々の小さな目的である。こうした小さな目的を実現するために、都市はどう使われ、その時に都市計画はどう機能すべきなのだろうか。

この問いに答えること。つまり、都市のために都市を縮小するのではなく、私たちの持つ小さな目的のために、主体的に都市を使いながら縮小する、その時に「都市計画」をどう組み立てていくか——これが本書を通じて論じていきたいことである。

本書の構成を説明しておこう。

小さな目的を持つ「私たち」の集合が「人口」である。人口は都市をかたちづくる前提であり、都市が拡大する時に、都市空間の必要な大きさをはかるための尺度として使われてきた。都市が縮小する時に、それをどのように解釈すればよいのだろうか。それは1つの共通した目的を持つものではなく、個々の小さな目的の集積である。第2章では人口をどう読み、解釈するのかを考えたい。

これからの人口は、すでに大半が出来上がった「都市空間」を使っていくことになる。すでに出来上がったものであるので、その形には様々な特徴や「くせ」があり、それを理解していないと、都市空間を適切に使っていくことができない。第3章では、人口の容れ物である都市空間の特徴を考えていきたい。

「人口」を適切に「都市空間」にフィットさせていくこと、それが「都市計画」の役割である。それは壮大な未来都市構想ではなく、人口と空間の間を調整する細やかな制度や手法の体系である。その制度や手法の体系を、なるべく多くの人々の小さな目的にあわせて使いやすいように再構成したい、ということが本書の一番の目的であり、第4章ではこれからの都市計画の制度や手法を考えていきたい。

残りの2つの章は第4章で述べた都市計画の意味を理解するための例題、ケーススタディである。第5章では普通の都市における空き家活用の取り組みを、第6章では東日本大震災の震災復興を対象とし、考察を深めていきたい。

文献と注

（1）饗庭孝男『故郷の廃家』新潮社、2005年

（2）伊藤裕久『庭園生活圏（都市圏）のデザイン——交流編集都市』早稲田大学都市・地域研究所、2008年

（3）コルビュジェの「輝く都市」は、地上面に空地や緑地を多く取った超高層の建物が林立する都市像である。世界中の都市計画に大きな影響を与え、新宿副都心などの我が国の初期の超高層開発にもその影響が見られる。詳細は、ル・コルビュジェ著、坂倉準三訳『輝く都市』鹿島出版会（原著「Manière de penser l'urbanisme」1946年、翻訳 1956年）を参照のこと。

（4）ハワードの「田園都市」は、都市の外側の田園地帯に工業地、商業地、住宅地をバランスよく含んだ新都市を建設し、都市の人口過密の問題の解決とする考え方で、世界中の都市計画に大きな影響を与えた。多摩ニュータウンや千里ニュータウンといったわが国のニュータウンはこの都市像をなぞったものである。詳細

は、エヴェネザー・ハワード著、長素連訳『明日の田園都市』鹿島出版会（原著「To-Morrow: A Peaceful Path to Real Reform」1898年、翻訳1968年）を参照のこと。

（5）ジェイン・ジェイコブス『アメリカ大都市の死と生』鹿島出版会、2010年

（6）海外の土地制度についてのまとまったレポートとしては、「土地に対する基礎的研究――日本の土地はどうあるべきか、海外の事例に学ぶ」がある。

（7）日本の土地百年研究会、都市環境研究所、日本不動産研究所『日本の土地百年』（大成出版社、2003年、p.118-121）による。

（8）戦後最初の住宅に関する統計調査である「昭和23年住宅調査結果報告／総理府統計局」（1950年）による。

（9）わが国のグリーンベルトの導入の歴史的経緯については石川幹子『都市と緑地』（岩波書店、2001年）に詳しく、本書の記述は同書に拠っている。

（10）グリーンベルトは1924年に開催されたアムステルダム国際都市計画会議で採択された考え方であるが、当初よりその実現手段は買収型だけでなく、土地は私有のままその土地利用を制限して実現する私権制限型の方式もあわせて想定されていた。しかし、東京環状緑地帯は私権制限地帯とは異質のものとして構想された。

（11）ここでは土地区画整理法に基づく「土地区画整理事業」について述べているが、一般的な用語として「区画整理」が使われることもある。一般的な用語としては道路を整備し街区の形状を整える、という広い意味で使われていることが多い。

（12）都市計画学者の渡辺俊一は日本建築学会誌特集「未来のスラム」（2011年1月）に所収のインタビュー「なぜ今東京にはスラムがないのか？」にて明治期のスラム街がなくなった理由について、「「細民」と呼ばれた、車引きやゴミ拾いなどインフォーマルな職業に従事していた居住者たちは、その後の大正・昭和の都市化のなかで、工場労働者や職人などフォーマルな職業に就きました。極度の貧困はなくなっていったのです。（中

略）都市計画で言えば「ジェントリフィケーション」が機能したのです」と述べている。

第2章　都市を動かす人口の波

都市を計画的にたたむ

人口減少時代、都市縮小期の都市計画や都市デザインはどういう言葉で語られているのだろうか。英語圏の国では「Shrinking City」という言葉が使われることがある。(1) Shrink は「縮む」という意味であり、日本ではこれをそのまま訳して「縮小都市」という言葉を使ったり、少し動的なイメージを加えた「都市縮退」という言葉を使うことがある。縮小も縮退も「小さくなる」「減る」という現象を表現した言葉であるが、こういった現象に対する計画的な介入はどのような言葉が使われているだろうか。縮小都市への計画的な介入について、都市プランナーの蓑原敬は「間戻」という言葉で表現している。(2)「かんれい」と読むこの言葉は蓑原の造語であるが、間引いて戻す、つまり空間の密度を下げ、土地の使い方を都市から何かに戻していく、という意味である。イメージを伝えやすい言葉であるが、「間戻」という言葉からは、「密度を下げ」「戻す」という一方向的な介入がイメージされる。

これに対して、筆者は「都市をたたむ」という言葉を使っている。英訳は「shut down＝店をたたむ」ではなく、「fold up＝紙をたたむ、風呂敷をたたむ」である。つまり、この言葉にはいずれ「開く」かもしれないというニュアンスを込めている。日本全体で見ると人口は減少するが、空間的には一律に減少せず、特定の住み心地のいい都市に人口が集中する可能性もあるし、都市の内部でも人口の過疎と集中が発生する可能性がある。つまり一方向的ではなく、一度は間引いて農地に戻すけれども、将来的に再び都市として使う可能性がある場所は存在する。さまざまな力やさまざまな意志にあわせてたたんだり開いたりする、いわば、都市と、都市ではないものの波打ち際のような空間がこれから出てくるのではないだろうか。間戻した土地を永続的に緑地や空地として固定するのではなく、都市的な土地利用への再転換も想定する、その長期的な土地利用の変化も計画的な介入の対象にする、このようなことを考えて、筆者は「たたむ」という言葉を使っている。

本章から、この「たたむ」という言葉が表す「計画的な介入」について具体的に述べていきたい。まず先ほどから無造作に使っている「計画」という言葉から議論をはじめていこう。

――人口を踏まえて都市を計画する

「計画」という言葉は様々な場面で使われる。かつての社会主義国では「計画」という言葉が社会の中心にあり、社会の全てが計画的にコントロールでき、そのことが国民の最大の幸福につながる、と考えられていた。資本主義であったとしても、ごく普通の言葉として「計画」は使われている。例えば政府は様々な計画を発表するし、日本の民間企業は毎年「事業計画」と題して、その一年にやることを株主に対して発表している。子ども達が学校で「計画を立てて勉強を進めなさい」と教わっていることもある。私たちの社会には公的な計画から私的な計画まで、そして生活の中にまで様々なレベルに「計画」が浸透している。

では「計画」という言葉はどう定義されるだろうか。この本では、その意味を「内的な力による変化を、整えて捌くもの」と定義して考えていきたい。

個人にせよ、家族にせよ、企業にせよ、その集合である社会にせよ、それらは必ず時間の中で変化する。個人は成長するし、家族は人員が増えたり減ったりする。農村から都市への人口移動も多くある。これらの変化の力は、外から与えられるものではなく、殆どの場合、個人や家族や企業の内的な力である。彼らは一人一人は理にかなった行動をとっているのだろうが、それが集合したら必ずしも理にかなった動きにはならないことが多い。こういった内的な力による変化を放置しておくと、危険な状態、不都合な状態になる。例えば都市の人口が増えるままにまかせていたら、空いている土地にどんどん家が建ってしまい、スラムが出来てしまった、というような問題である。

東日本大震災の大津波では、昭和三陸大津波で被災した低地に再び家が建ち並んでしまったところが被災しているが、これもまさしく内的な力を放置してしまったことによる悲劇である。

そのような状態にならないために、内的な力を適切な方向に振り分けていくこと、これが計画の役割である。例えば、スラムが出来そうなところにあらかじめ道路をつくっておく、スラムをつくりそうな人たちが使いやすい融資制度を用意しておいて、質の高い建物をつくってもらうようにする、建築行為に対する取り締まりを厳しくする。こういったことが「計画」であり、それは、増え続ける人口が内的に持っている「家をつくりたい」という力を、うまく整えて捌き、良好な都市空間の形成につなげるわけである。計画は、社会を動かしている様々な力を整えて捌くことによって、不都合な状態や危険な状態を乗り越え、望ましい方向に社会をドライブしていく役割を持つ。

では、都市計画は、いったい何の「力」を整えて捌くためにあるのだろうか。都市計画の成果として道路や公園がつくられたり、整然とした住宅地がつくられたりする。計画が操作する対象は物的な空間であり、それは都市を使う人たちのためにつくられる。つまり、都市計画が捌く「力」は、都市を使う人たちが内的に持っている空間的な望み――広い家に住みたいとか、快適に通勤したいとか、立派な建物で仕事をしたいとか、遊ぶ場所が欲しいとか――こういった望みである。都市に永遠に同じ人たちが住み続けるのであれば、その望みには大きな変化はなく、大きな力にはなりえない。しかし、戦後を通じて、人口は増加を続け、その人口は農村から都市へと、都心から郊外へと移動し続けた。個人の「望み」は、人口流入の動きで加速され、それらの合計は大きな力を持つことになる。この大きな力を受け止め、その力の流れを整えて、適切な空間をつくる方向に捌くこと、これが都市計画の役割である。

　都市拡大期には、こうした望みの合計は「欲望」と表現されることがあった。おそらくは個々人が極端に贅沢な暮らしをしたいとか、ともかく大きな家に住みたいとか、そういう欲望を持っていたわけではなく、普通の人たちが、普通につつましく望みを持っていたということが正確なのだろう。しかし、都市に集中した人口は圧倒的に多く、彼らのつつましい望みを合計したものが、恐ろしく大きく、かつ制御不能な「欲望」になった。そして、その欲望の力を整えて捌くための計画が都市計画である。

　ここで理解をしておきたい重要なことは、力は内的にもたらされるものであって、計画そのものが力を与えるわけではない、計画が無から有をつくり出すわけではない、ということだ。例えば、急激なスピードで流れる河川を考えよう。河川の水は高低差のもたらす重力によって流れている。その河川のそばに人間が住んでいて、度々の洪水で悩まされていたとする。洪水を防ぐために、河川から水が溢れないように川の形をかえたり、ダムで水量をコントロールしたり、河川を拡幅する。これが計画である。しかし、形を変えようが、ダムをつくろうが、河川を拡幅しようが、総量として流れる水の量が変わるわけではないし、水の持つ位置エネルギーが変わるわけでもない。ダムは水を一時的に貯め、流れる時間差を調整しているだけで、ダムが水の量を減らしているわけではない。このように、力そのものには逆らわず、その力を増やしも減らしもせず、ただ整えて捌くのが「計画」である。

このことは、特に水の量が減っていく時代、つまり人口減少時代の計画の意味を考えるときに念頭に置いておかなくてはならない。こんこんと湧き出る大量の水を整えて捌くのではなく、どんどん減っていく水を、どう整えて捌くかという、明らかに違うことをしなくてはならないからだ。

行政で発行されている計画図書を見ると、最初に「これくらいの人口規模が住める町を目指します」という「計画人口」が掲げられていることが多い。この人口はあくまでも「予測」であり「目標」ではない。人口減少時代においては、「人口が減ること」をおそれるために、直接的に「人口を増やすこと」を計画の目的とする、という間違えた議論の立て方がなされる時があるが、(3) 人口は計画が「捌く力」であって、計画がつくりだすものではない。計画に掲げたところで人口の量の全体が限られている以上、増えるわけがないのである。人口予測は将来の都市計画の前提に過ぎない。

では、人口減少時代の都市計画を考えるにあたって、人口をどのように捉えればよいだろうか。

人口の波と都市の計画

人口減少時代について議論をする時に何度も参照される、2010年現在、2030年、2060年の我が国の人口構成の現状と将来予測の3つの図に、2つの補助線を入れてみる（図1）。

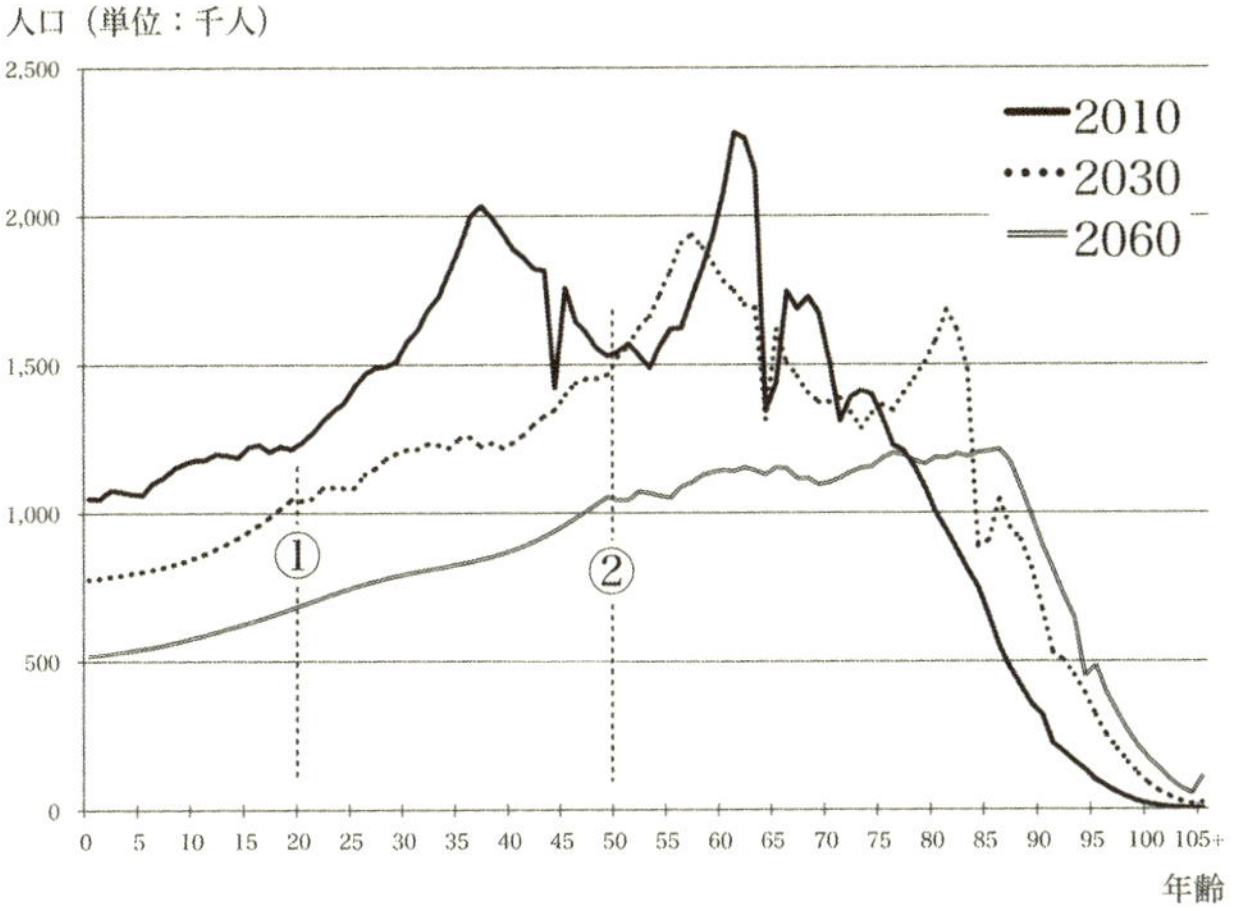

図1　2010年、2030年、2060年の人口構成。日本の将来推計人口（平成24年1月推計）（表A-1(1) 男女年齢各歳別人口：仮定値一定推計：出生一定（死亡中位）、国立社会保障・人口問題研究所、平成24年1月30日公表）より筆者作成

これらの図はあらゆるところで引用される図なので、既成の事実のように頭の中に刷り込まれているが、当然ながら予測であり、仮想のものに過ぎない。

そして2030年と2060年の人口データの中には、さらに確実さが異なる2つの予測が含まれている。それをわけたものが補助線①と②である。補助線①は2030年時点の20歳以上と20歳未満の、補助線②は2060年時点の50歳以上と50歳未満の間に引かれている。補助線①②の左側はこれから生まれてくる人口についての予測（子どもを産む人口に出産率をかけあわせてつくる予測）であり、右側は現在生きている人口についての予測（現存する人口に生残率をかけあわせてつくる予測）である。死は誰に対してもやってくるため、生残率は人間がコントロール出来ない数字であるが、出産は個人の意志で行われるため、出産率はややコントロールが出来る数字である。したがって、補助線①②の左右で予測の確実さは異なり、補助線①②の右側の予測の方が確実性が高い。人口予測の図の中には、確実な未来と不確実な未来が混ざっており、「少子高齢化社会」のうち、高齢化社会は確実にやってくる未来、少子化社会は不確実な未来である。

補助線②は、50歳の位置に引かれている。この線は、それぞれの図の50年前時点での予測のしやすさの割合を示している。2010年の50年前、つまり1960年に未来を予測したとしよう。その時に確実性が高く予想が出来たのは、2010年の人口曲線の補助線②の右の人口、つまり1960年時点ですでに生まれていた人口である。そして、補助線②の左の人口、つまり、1960年以降に生まれた人口は確実性が低い予想になる。2010年から50年後の2060年の人口曲線を見ると、補助線②の右の人口は、現在生きている人口に生残率をかけたものなので確実性が高く、左の人口の予測は確実性が低い。

そして、2つの人口曲線に補助線②をひくことで問題にしたいことは、補助線の左右の割合の違い、つまり、1960年時点と2010年時点の、未来の予測の確実さの違いである。2010年の50歳以上の人口は全体の44%、2060年の50歳以上の人口は全体の58%である。この違いは、未来の予測の確実さの違いを示している。1960年時点、つまり都市拡大期における人口の予測=欲望の予測よりも、2010年時点、つまり都市縮小期における人口の予測＝欲望の予測のほうが、確実に予測ができるのである。

これらのことが「計画」にとってどういう意味を持つのだろうか？　人口増加時代にはその未来は不確定だったが、人口が増加することだけは確定していた。人口に見合った圧倒的な物量をつくり出さなくてはならず、そこには「つくるための根拠」としての計画が必要となる。つまり、人口増加時代は、計画を立てざるを得ない状況であり、不確定な未来に向かって明確な未来の青写真を描き、それを実行する強い計画が立てられた。しかし、人口減少時代においては状況は反転する。人口は予測しやすく、未来の大半は今の人口で構成されている。そこでは、強い計画は必要とされないのである。

日本の人口の特徴

日本の人口はなぜ急速に減少するのだろうか。このことについて松谷明彦(4)が正確に記述している。人口統計上では、出生する子どもの数に対して死亡する高齢者の数が上回ることを人口減少という。毎年同じ数の子どもが生まれ、人口が各年代で均等であるならば毎年同じ数だけの人口が死亡するため急激な人口減少は起きないが、人口が偏在している状態、つまりある世代が極端に多かったり、少なかったりする状態があれば、極端に多い人口の寿命にあわせて人口減少が急激に起きることになる。先進国に共通するこのような「偏在」は、ベビーブーマー世代の存在、第二次世界大戦の直後に出生率が上昇した時期に生まれた世代の存在である。この存在こそが先進国が抱える人口問題を大きく規定する要因であり、ベビーブーマーの数が多ければ多いほど、急速な人口減少が起こる。

日本のベビーブーマーは「団塊の世代」と呼ばれ、1947年から1951年までに生まれた世代（2015年現在で64歳〜68歳）を指す。我が国は他の国と比べて団塊の世代とその子供の世代＝団塊ジュニア世代が人口の中で占める割合がかなり多く、このことが日本の人口減少が世界の中でも突出して進行する原因となっている。団塊の世代は母数が多いため、団塊の世代が寿命を迎えると人口が急激に減るという単純なことだ。更に一方で、団塊ジュニア世代が40歳を超えた。これは人口を増やす＝子どもをつくる最大の母集団の出産する時期が終わりつつあるということであり、出生数の上昇もあまり見込めない。こうしたことから、急速な人口減少が起こるわけである。

これまでの都市の拡大も、ベビーブーマーの成長にあわせて見ると分かりやすい。第二次世界大戦直後に出生した彼らはまず小学校を必要とし、ついで中学校を必要とし、高校を必要とし、大学を必要とし、下宿や安いアパートを必要とし、職場を必要とし、家族形成にともなって住宅を必要とし、最後は高齢者施設を必要とする。こうしたベビーブーマーがつくり出した都市への圧力を平山洋介は「前線」と呼ぶ(5)。大量供給された地域性のない住宅、郊外に広がっていく市街地、既成市街地の密集化など、団塊の世代の大きな波を捌くための都市空間が戦後の50年間に急速につくられ、たった今は、高齢者施設が急速につくられつつある。この間日本の社会は成長を続け、1960年代の後半からは団塊の世代自身が労働力となって成長を支えた。彼らは都市を大きくする、という前線を形成していたわけである。

さて、これから先、戦争や想像を超えるような大災害に巻き込まれない限り、新たなベビーブーマーは誕生せず、現在の特殊な世代は徐々に減少していくことになる。団塊の世代がつくり出している高齢者施設の前線が最後の前線であり、その後はもう二度と前線が形成されることはない。団塊ジュニア世代はまだ大きな塊をつくっているが、団塊ジュニアの子ども世代、つまり団塊孫世代を見ると、そこには前線が発生しそうにもない。高齢者の数は2045年まで増え続けると予測されているが、その手前の2020年、あるいは2015年から、その増加のカーブが急に緩やかになる（図2）。

つまり、あと数年で団塊の世代がつくり出して来た前線は消滅し、日本の社会には二度と前線が発生しない。もちろん、前線が無くなったからといって、高齢化社会の問題が無くなるわけではない。団塊の世代が子どものころは彼ら全員がおさまるほどの小学校をつくることが出来なかった。前線に対する対策は常に後手にまわることが常であり、前線は拡大しつつ、そのあとを追うように建設はつづく。数年後に前線が解消したあとも、しばらくは高齢者のための空間が不足しているという欠乏状態は続き、梅雨前線が消えたけども長雨が続く……という状況にはなりそうだ。

都市が消滅する、自治体が消滅する……と、人口減少時代を悲惨なことのように受け取る人

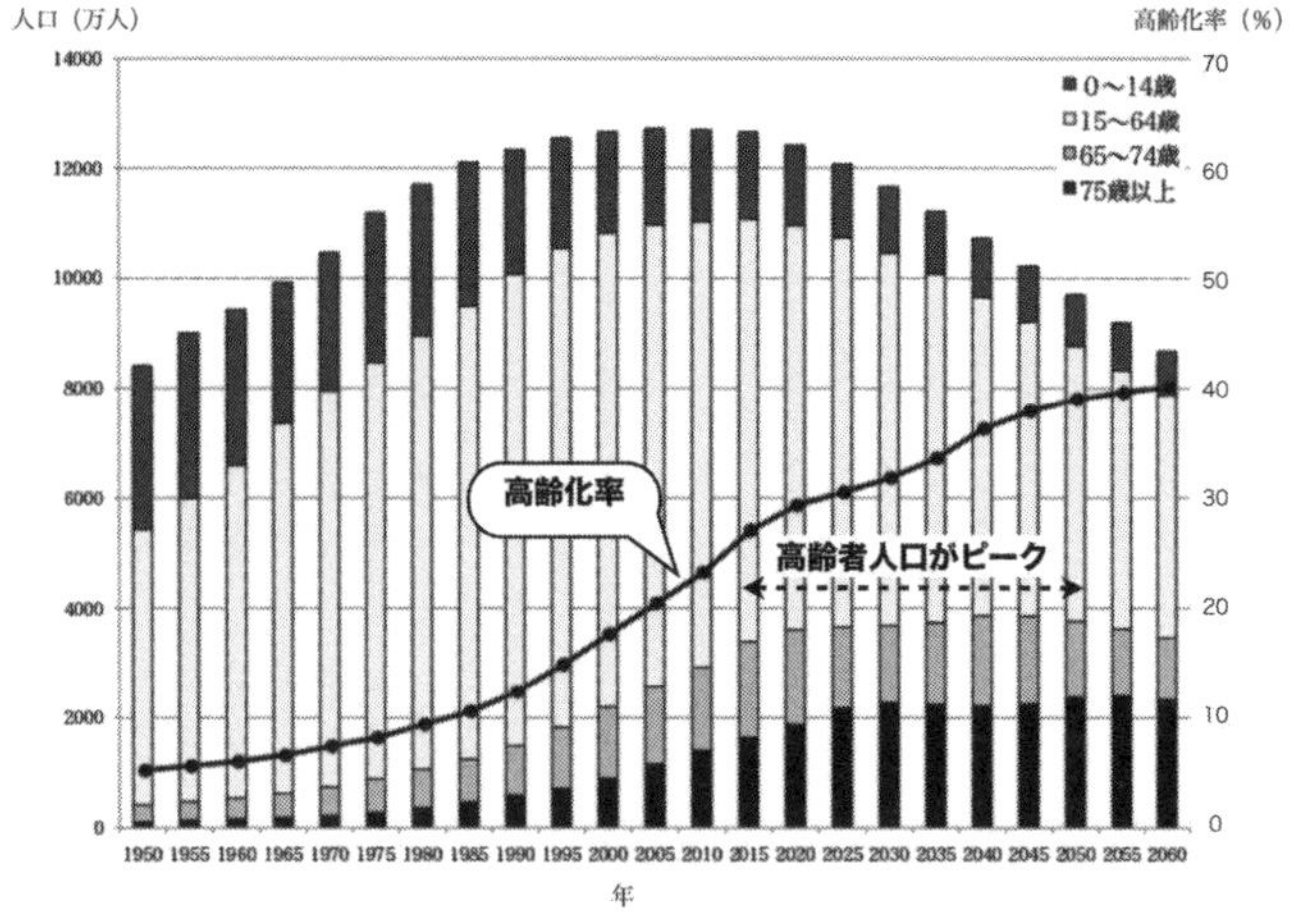

図２　高齢者の人口と高齢化率。平成 26 年版『高齢社会白書』で公開されているデータより筆者作成
2010 年までは総務省「国勢調査」、2014 年は総務省「人口推計」（平成 26 年 10 月 1 日現在）、2015 年以降は国立社会保障・人口問題研究所「日本の将来推計人口（平成 24 年 1 月推計）」の出生中位・死亡中位仮定による推計結果

は未だに少なくない。しかしこれは、寿命を迎える人がたまたま多いだけであって、人々が悲劇的に大量死するというわけではない。人口減少の原因はベビーブーマーの存在である。原因を知れば、対策はそれほど難しくない。これから退場していくベビーブーマーを送り出す、豊かな老後を過ごせる都市をやや早足でつくりつつ、多様な人々の望みや目標を実現するための空間を、ベビーブーマーがつくりあげて来た都市を使ってゆっくりとつくっていけばよいのである。私たちが持っている都市は、ベビーブーマーによって最大限に拡張された都市であるから、それを出発点にして、巧みな引き算を重ねてゆけば良い。急激な変化を起こす前線は二度と形成されることはなく、

個々の「望み」が「欲望」となって暴走することも少なくなる。

課題は前線が消える10年後から20年後のあるべき都市に収斂すべく、ベビーブーマーのための都市をどうたたみ、そこに、次世代のための都市をどう埋め込んでいくか、ということである。その次世代のための都市の大半は「現在」にもう出来ている。それを大きく変えることは出来ず、その都市を手段として、私たちの目標を実現しなくてはならない。

では、現在の都市は、これまでどうやって人口の波を、ベビーブーマーの前線を受け止め、どのように捌いてきたのか。それは都市によってどのように異なるのか。地方都市と東京の4つの都市・地域を例にして考えていきたい。

——地方都市の人口を読む

戦後の人口は、日本の全体としては右肩上がりに増えつつ、その内部では地方都市から大都市へ、農村から都市へと人口が移動していた。増加と内部移動が戦後の人口の特徴である。既に述べた通り、日本全体を見ると増加の中心であるベビーブーマーが都市を広げてきたことは間違いない。しかし一方で、内部移動のために極端に増えたところから減ったところまで、人口の偏在が進み、その広げ方は様々であるはずだ。では、どのように人口は偏在し、それによって地域はどう特徴づけられるだろうか。日本は人口統計が整備された国であり、都市・地域ごとに人口データが公開されており、それを読むことで、現在の望みと将来の望みを想像するこ

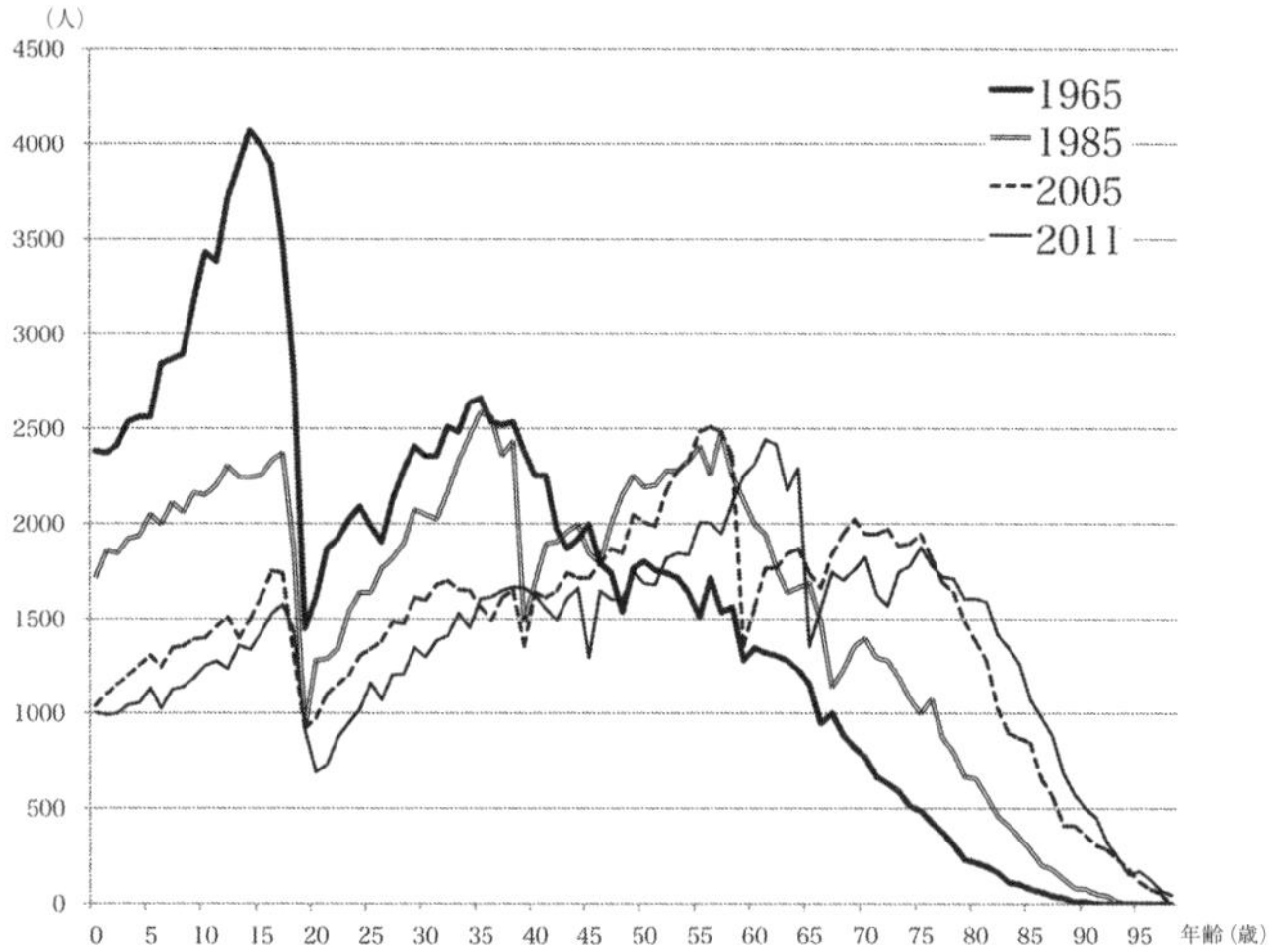

図３　Ｔ市の４時点の人口ピラミッド

とができる。ここでは簡単に入手できる人口データを用いて、４つの都市・地域を見てみたい。

まず、地方から大都市へと人口を送り出してきた側の都市からみてみる。

図３は人口が10万人程度の東北地方のＴ市の20年毎の人口ピラミッドを重ねた図である。これを見て20歳以下の人口が減少する「少子化」が進んでいることがわかるが、全国平均と比べて高齢化率はそれほど高くない。その理由は、18歳から19歳になるときの人口の流出にある。18歳は高校を卒業し、ある者は仕事に就き、ある者は大学に進学する年齢である。Ｔ市に大学はあるが、その定員は足りず、さらには職場も十分ではない。Ｔ市で生まれて育った人たちが18歳になった時に座る席は常に不足し、彼らは18歳になったら出て行か

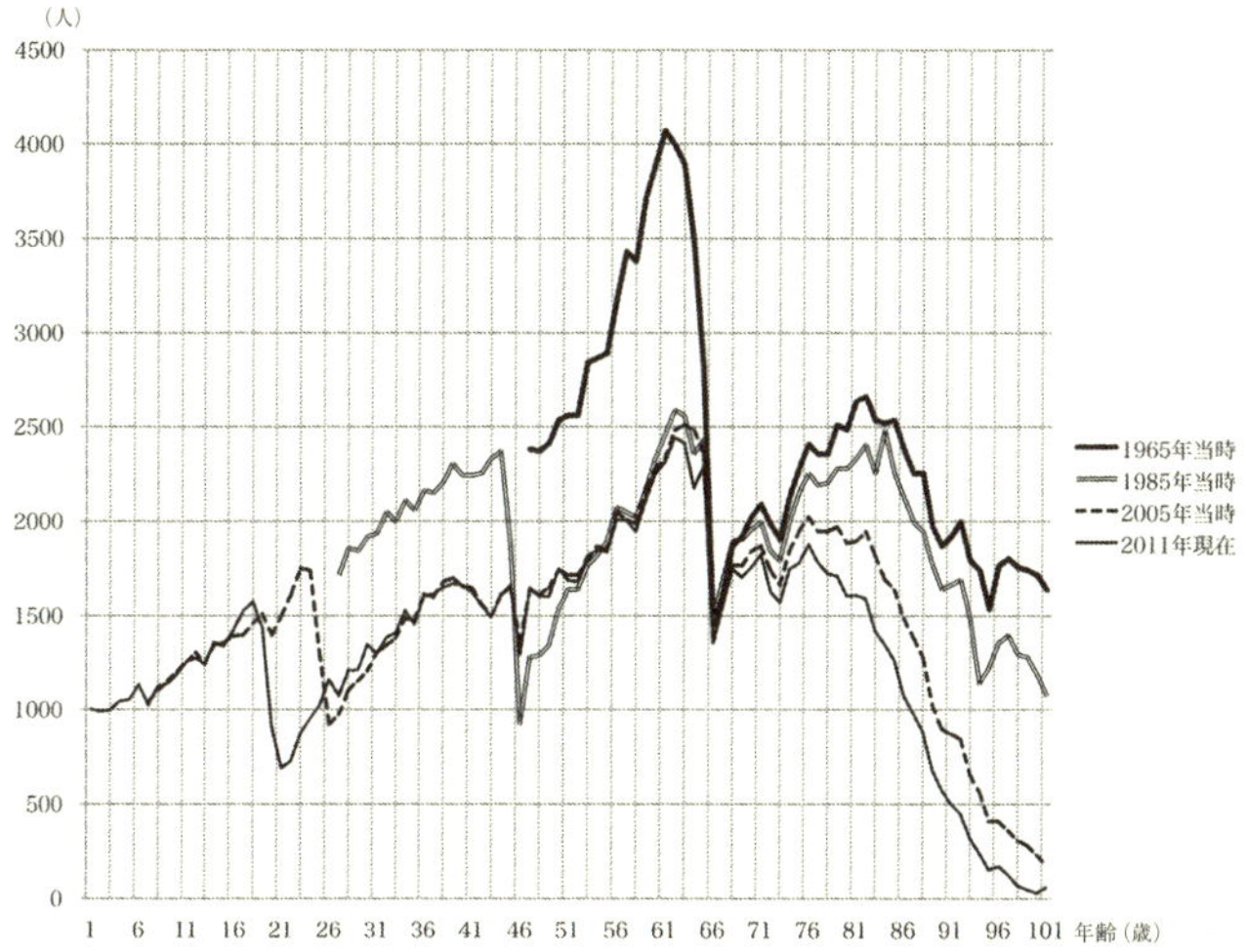

図４　Ｔ市の人口構成を同じ年に生まれた人口で重ねたもの

ざるをえない。そして18歳の時に運良く席に座れた人たちがそのままＴ市に残り、そのまま年をとっていく。Ｔ市の高齢化率が低いのは、18歳の時点で人口を減らす関所が存在し、高齢者が高齢化する40年前にリストラされているからである。

　このことを裏付けるために、もう一つのグラフを見ていこう。

　図４は図３の人口のグラフの各年代のデータを、２０１１年の年齢にあわせて動かしてみたものだ。例えば、１９６５年に０歳の人は、２０１１年に46歳であるので、１９６５年のグラフを右に46年分ずらす。同様に１９８５年のグラフを26年分、２００５年のグラフを６年分ずらしたものを重ねてみたものである。グラフの横軸の年齢が２０１１年時点の年齢、グラフの縦軸がその年齢の人がその年に何人

T市に住んでいたのかの数である。2011年時点の年齢が62歳の人口を見ると分かりやすい。この年齢は1965年、つまり彼らが16歳である時には4000人を超えていた。しかし彼らはその2年後に人口を減らす18歳の関所を通過する。その後彼らが36歳の時の1985年の人口、56歳の時の2005年の人口、62歳のときの2011年の人口は、ほぼ2500人であり変化は少ない。4000人から2500人をひいた1500人が18歳の関所ではじかれた人たちである。

次いで、2011年に46歳の人口を見てみよう。この年齢は、彼らが20歳である1985年には1000人弱、2005年と2011年はほぼ同じ1300人強であり、約300人の差がある。同じように2011年に50歳である人口を見てみると、彼らが25歳である1985年の人口、45歳、50歳の人口は1600人ほどでほぼ一致している。このように20歳時点の人口と他の時点の人口には差があるが、25歳時点の人口と他の時点の人口には差がない。

このことは、18歳の時の関所ではじかれた人たちの何人かが、25歳時点までにほぼT市に戻ってくるということを意味している。大学を卒業して、あるいは大都市で働いて数年して帰ってくる、と考えれば分かりやすい。そして、25歳時点でその歳のT市の席数は確定する。あとは極端に増えることもなく、減ることもなく、彼らはそのまま歳を重ねていく。仕事が終わって居酒屋に行くと、同じ顔ぶれが待っている社会である。なお、**図4**では68歳以降、4つの年代のグラフの差がだんだんと開いていくが、これは死亡によるものである。

ここで団塊の世代の動きを見てみよう。データが不足しているので団塊の世代の正確な動きがわからないが、1965年当時に一番多い、13歳～16歳の人口（1949年から1952年に生まれた人口）を見てみよう。この世代は毎年ほぼ4000人が産まれ、2011年には2500人になっている。つまり、実に1500人が18歳の関所によってT市から出て行ってしまったことがわかる。1500人の行き先は明らかではないが、ほとんどが大都市であることは想像に難くない。

戦後を通じてT市には、18歳までの子どもたちの席数は十分にあった。しかし、それ以上の教育や、あるいは社会の最初の経験を受けさせる席数は、最大で年間2500人分（1928年（昭和3年）生まれの人たちの席数）、近年では1100人分（1986年（昭和61年）生まれの人たちが25歳になった時に座っている席数）しか無い。そこに座れなかった子どもたちは別の都市を使って自分たちを成長させる道を選ぶ。そして大学を卒業する、あるいは働き始めてしばらく経ってから、25歳くらいまでに子どもたちの何人かはT市に戻り、T市を使って自分の生活、あるいは自分と家族の生活を成立させる道を選ぶ。25歳時点でのT市の席数は1100人～2500人であり、そこに座れる人たちが座りきり、あとは大きく構成をかえることなくそのまま年を重ねていく。

未来はどうなるか。少子化の現在を見てみると、2011年の出生数は約1000人である。この人数を先ほどの席数にあてはめて見ると、数字の上では（もちろん単純な計算は乱暴ではあるが）生まれた人とほぼ同じ数の席数があることがわかる。つまりT市で生まれた子どもたちは、そのままT市を使って十分に暮らしていくことが出来る可能性がある。かつてのベビーブーマーたちは人数が多く、彼らの全てがT市を使って豊かになることが出来なかったので、1500人は泣く泣くT市を出て行かざるを得なかった。彼らは大都市に行くわけだが、そこで彼らは自身の労働時間と引き換えに、その大都市を成長させることに人生を捧げることになる。一方で、運良くT市に残ることが出来た人たちは、T市を使う一方で、T市自体も成長させていく。毎年1100人～2500人の人が座れるだけの席をつくり、ここまで都市を成長させたのである。

なお、T市から出て行った1年あたり1500人のベビーブーマーの人口をT市の未来の可能性と見る向きもある。つまり、彼らがもう一度T市に戻ってくるという動きに対する期待である。個人が移動する理由は様々であるが、ベビーブーマーの親世代の介護などが本格化する時期でもあるし、退職というどの人にとってもほぼ同じタイミングでくる契機もある。こうした、かつてはT市の席に座れなかった人たちを受け入れ、T市を使ってもらう、という考え方である。その場合、ベビーブーマーにはそれほど余命があるわけではないので、統計上は一時的に人口が増え、やがて急激に人口が減少するということになるだろう。つまり、おおよそ20年で全て入れ替わる人口であり、その20年間のうちに身体的なコンディションが大きく変化し、医療や福祉のニーズの多様化を迫る人口である。

大都市の人口を読む

次に、東京のデータを読んでいく。戦前から戦後を通じて、東京は人口を飲み込みつづけた。地方都市では暮らしていけなかった人たちが、自分たちを豊かにするために散々東京を使ってきたわけである。

では、どういう世代がどのように東京を使ってきたのかを明らかにしていこう。T市と違って注意しなくてはならないのは、T市は人口が出て行く一方であるのに対し、東京の場合は出て行く人も多ければ入ってくる人も多い、という人口の出入りが激しいことである。図5は東京都の人口の社会増減の経年変化の図であるが、全体として減少傾向にあるものの、戦後からずっと、転入も転出も年間40万人以上あることがわかる。40万人というと、長野市、岐阜市、宮崎市といった都市と同規模である。中規模な都市以上の人口を外部と毎年やり取りしながら、東京は成長を続けて来たわけである。

図6と表1は、1960年以降の5年毎の5歳階級の人口データを、T市のグラフ（図4）と同じように並べ替えてみたものだ。T市の場合は各年齢別のデータであることには留意するとしても、遠目にみて、T市とはずいぶんと形が違うことが分かる。

共通するパターンを読んでおこう。例えば2010年時点で45〜50歳の世代の人口の変化を見ると、彼らが0〜4歳の1960年をみると70万人近くいる。その10年後（10〜14歳）の1

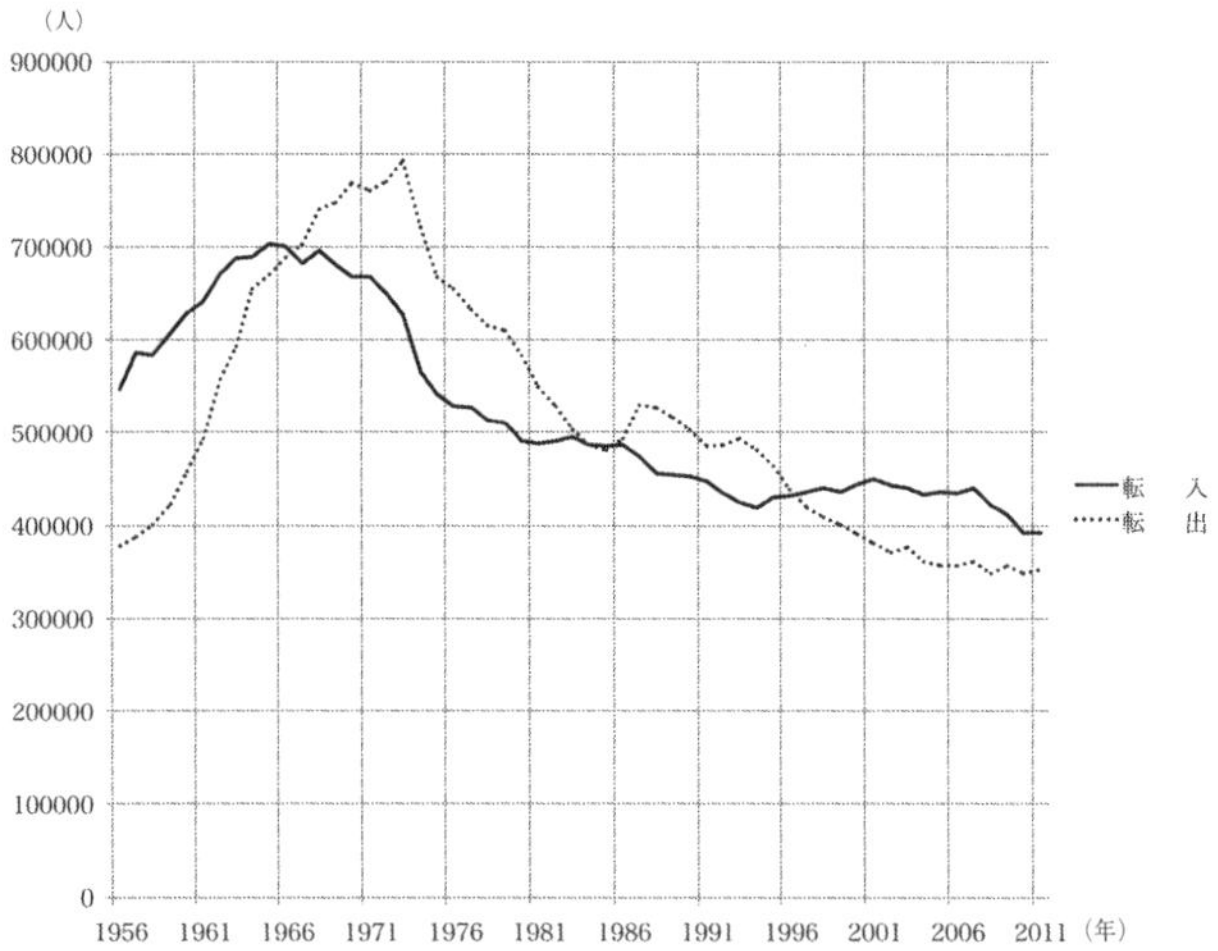

図５　東京都の人口の社会増減の経年変化

９７０年では63万人近くに減り、小学校に入り、中学校へ進む過程で６万人がどこかに移動してしまっていることがわかる。しかし１９７５年（15～19歳）では急激に増加し、１９８０年（20～24歳）には１１１万人に膨らんでいる。これは大学等の進学によるものである。T市ではこの時期に「18歳の関所」があり、大きく人口を減らしているが、その減った人口が受け入れ側の大都市ではこのように現れるわけである。しかし、一時的に膨らんだこの世代の人口は、その５年後には再び減少に転じ、彼らが35歳頃の１９９５年には74万人までに減る。そして以降は２０１０年まであまり変化無く推移する。前述の通り、東京は人口の流動性が高いため、１９９５年の74万人と２０１０年の74万人が同じ人であるかどうかは正確には分からないが、座る人の入れ替わりはあるにせよ、席数はここで

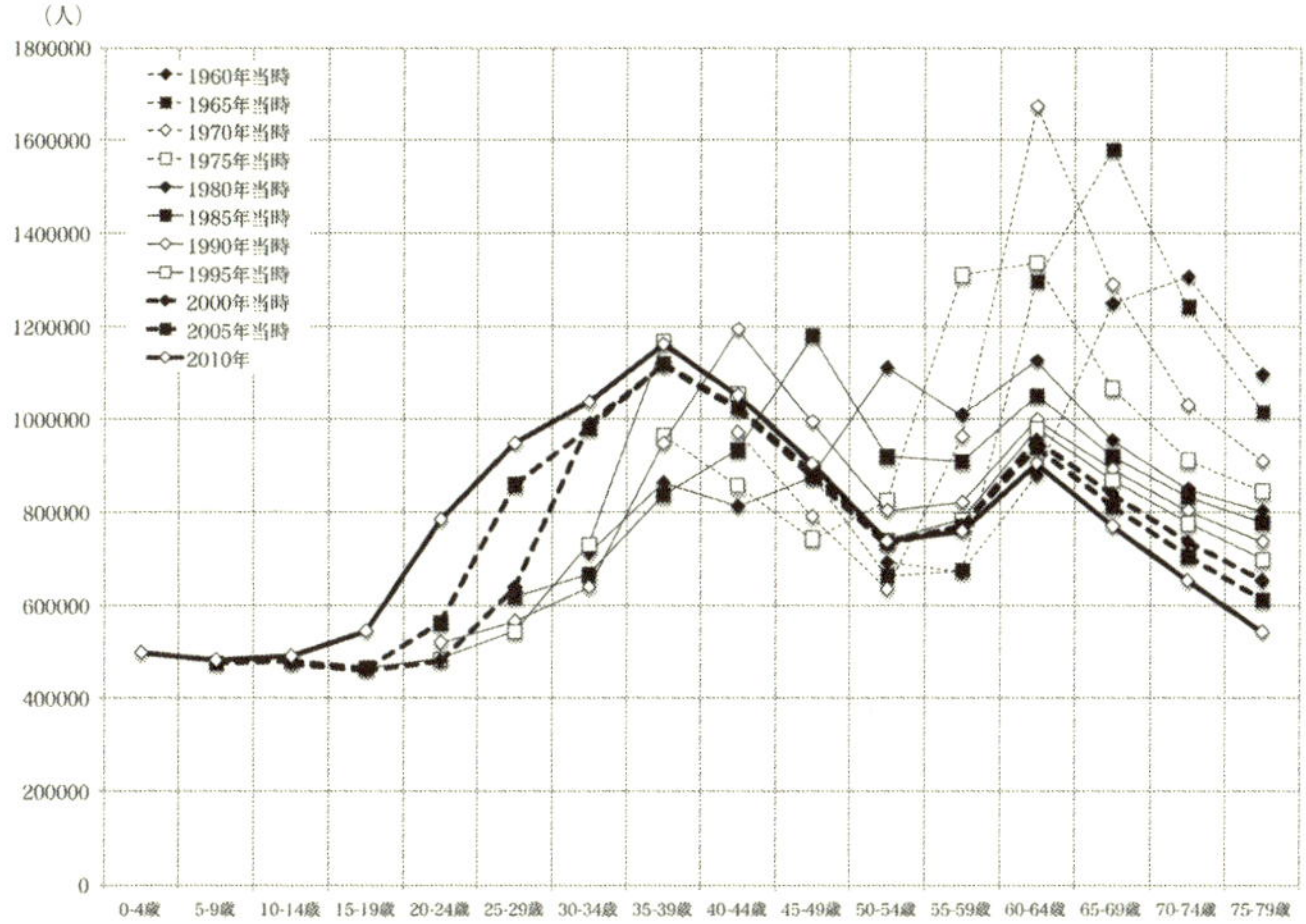

図６　東京都の人口構成を同じ年に生まれた人口で重ねたもの

	2010年時点の年齢の人がその年に何人いたのか											
2010年時点年齢	1960年当時	1965年当時	1970年当時	1975年当時	1980年当時	1985年当時	1990年当時	1995年当時	2000年当時	2005当時	2010年	
0－4歳											500,269	
5－9歳										476,692	484,303	
10－14歳									477,014	481,382	492,799	ミレニアムベビー
15－19歳								467,748	462,053	466,593	545,573	
20－24歳							521,605	485,921	481,852	562,968	785,911	
25－29歳						620,843	565,862	545,457	640,095	859,742	949,354	
30－34歳					715,230	666,781	640,012	731,600	991,457	981,230	1,038,768	
35－39歳				964,456	865,035	837,713	948,359	1,169,793	1,118,725	1,121,689	1,164,057	
40－44歳			971,687	856,943	813,422	934,068	1,195,664	1,056,719	1,020,691	1,026,016	1,053,232	団塊ジュニア世代
45－49歳		876,263	791,874	743,050	876,161	1,181,783	995,391	895,053	877,029	885,146	905,561	
50－54歳	693,719	664,708	637,069	824,026	1,113,290	919,931	804,673	740,683	731,320	736,656	740,091	
55－59歳	674,170	675,974	963,755	1,311,353	1,010,762	909,087	822,279	784,977	773,398	770,054	760,764	
60－64歳	881,163	1,298,174	1,675,115	1,338,307	1,128,129	1,052,373	1,000,011	979,147	955,871	938,669	905,914	団塊世代
65－69歳	1,250,356	1,579,890	1,290,878	1,067,346	954,985	920,175	893,591	870,796	839,781	813,422	771,396	戦中生まれ
70－74歳	1,308,146	1,243,711	1,031,700	910,793	851,939	833,307	804,082	777,126	737,511	705,944	654,931	戦中生まれ
75－79歳	1,098,234	1,017,041	910,696	844,180	803,528	778,265	737,990	699,205	654,925	612,400	544,554	昭和一桁

表１　東京都において2010年時点の年齢の人がその年に何人いたのか

確定する。

大学進学時に大きく人口を増やし、その後は減少しつつ、ある時期にその世代の席数が確定する、というこのパターンは、全世代におおよそ共通するパターンである。外に流出した人口は37万人、残った74万人の人口が、東京に何とか座席を確保することができたのである。流出した人口は、T市で見たように、地方都市に戻っていった数も少なくないだろうが、首都圏は東京都にとどまらず広く連続しているため、千葉、埼玉、神奈川に住宅を見つけて流出した数が多いと考えられる。首都4都県の2010年の人口ピラミッドをみると、千葉と埼玉はほぼ同じ形をしており、大学や就職によって東京に集まった人口が、徐々に住宅の取得に伴って千葉や埼玉に展開していったものと考えられる。

大都市の都心と近郊の人口を読む

もう少し小さい範囲で東京のデータを見てみよう。大都市の都心と近郊の市街地のデータを抜き出してみる。

都心は東京都中央区のデータを見る。「ドーナツ化現象」という言葉があるように、東京の都心はながらく人口の減少に悩まされて来た。経済成長過程では、都心部の土地や建物は業務や商業や工業に使われる。もともと都心では高い密度で住宅と商業、工業が混在していたが、そこから人々の住居と他の機能が分離し、住居は押し出されて郊外へと移ってくる。それが度

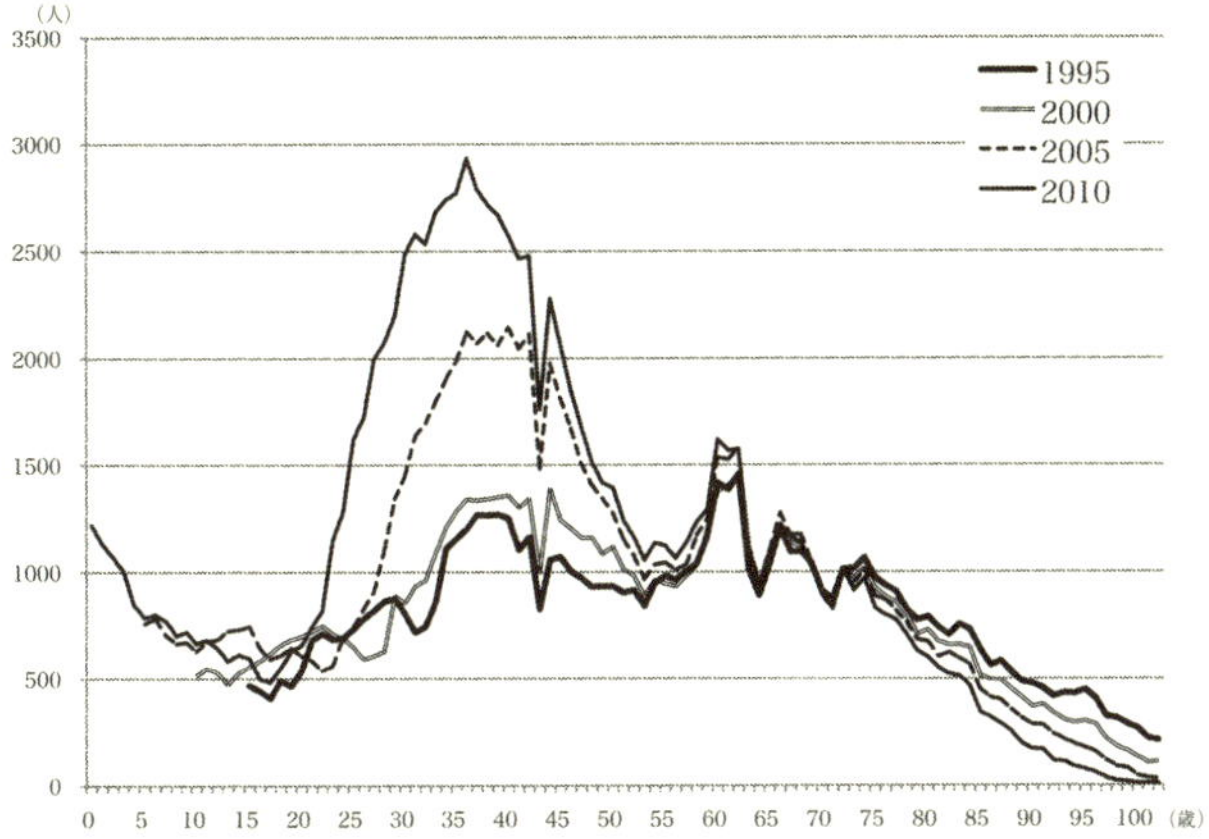

図７　中央区の人口構成を同じ年に生まれた人口で重ねたもの

を過ぎていたため、都心の自治体にとって、人口を増やすこと、住宅を増やすことは必須であり、住宅をつくるための様々な支援策や規制緩和が80年代の半ば頃に行われる。それはたとえば、都心の一定規模の都市開発に対して、住宅の設置を義務づけるものであったり、住宅の設置に対するボーナスとして容積率を緩和するようなものであった。だが、地価が高騰し続けたバブル時代には、十分に効を奏したものにはならなかった。なぜならば、地価が上がり続けるということは、新しく出来た床を高く売ったり貸したりすることが出来る、ということであり、市場は相対的に床の単価が高いオフィスや商業をつくり、住宅をつくらなかったからである。

しかし、バブル経済崩壊後に地価が下落し、その中で住宅が多くつくられるようになって、東京の都心の人口は２０００年を境に回復に転じる。**図７**は、この「都心回帰」の現象を詳しく見ようと、１９９

5年から5年おきに4つの年代の人口構成を同じ年に生まれた人口で重ねたものである。こうしてまとめると、2000年以降に中央区でつくられた住宅に入居した人たちが、2010年時点で50歳以下の人たちであったことがよくわかる。最も多い年代は2010年時点で36歳という若い世代の2934人であり、1995年時点、つまり彼らが21歳の時の1200人に比べると倍以上に増加していることがわかる。バブル経済が崩壊したころの1995年に居住していた人口を中央区の「ネイティブ」であると仮定すると、中央区は、その後の15年間で年代によってはネイティブの倍近い人が新しく住み始めたニュータウン的な様相を示しているとも言える。彼らはかつてのニュータウン住民のように、世帯を形成していくにともなって、様々な空間を周囲に必要とする。こうした「前線」にあわせて、中央区の空間はどう再編成されていくのだろうか?

大都市の近郊は世田谷区のM地区のデータである。この地区の中心には私鉄の大きな駅があり、新宿や渋谷といった東京の副都心から鉄道で10分ほどの立地にある。東京は都心から外側に向かって広がっており、開発時期も古いものが内側に、新しいものほど外側にあり、開発時期によっておおよその類型化が可能である。M地区は1930年頃から開発された地区、つまり1923年の関東大震災後に被災地から人口が郊外に流出したインパクトを受けて市街化した地区である。

古くて落ち着いた地区であると予想されるが、この地区の人口構成の変化をまとめた**図8**を

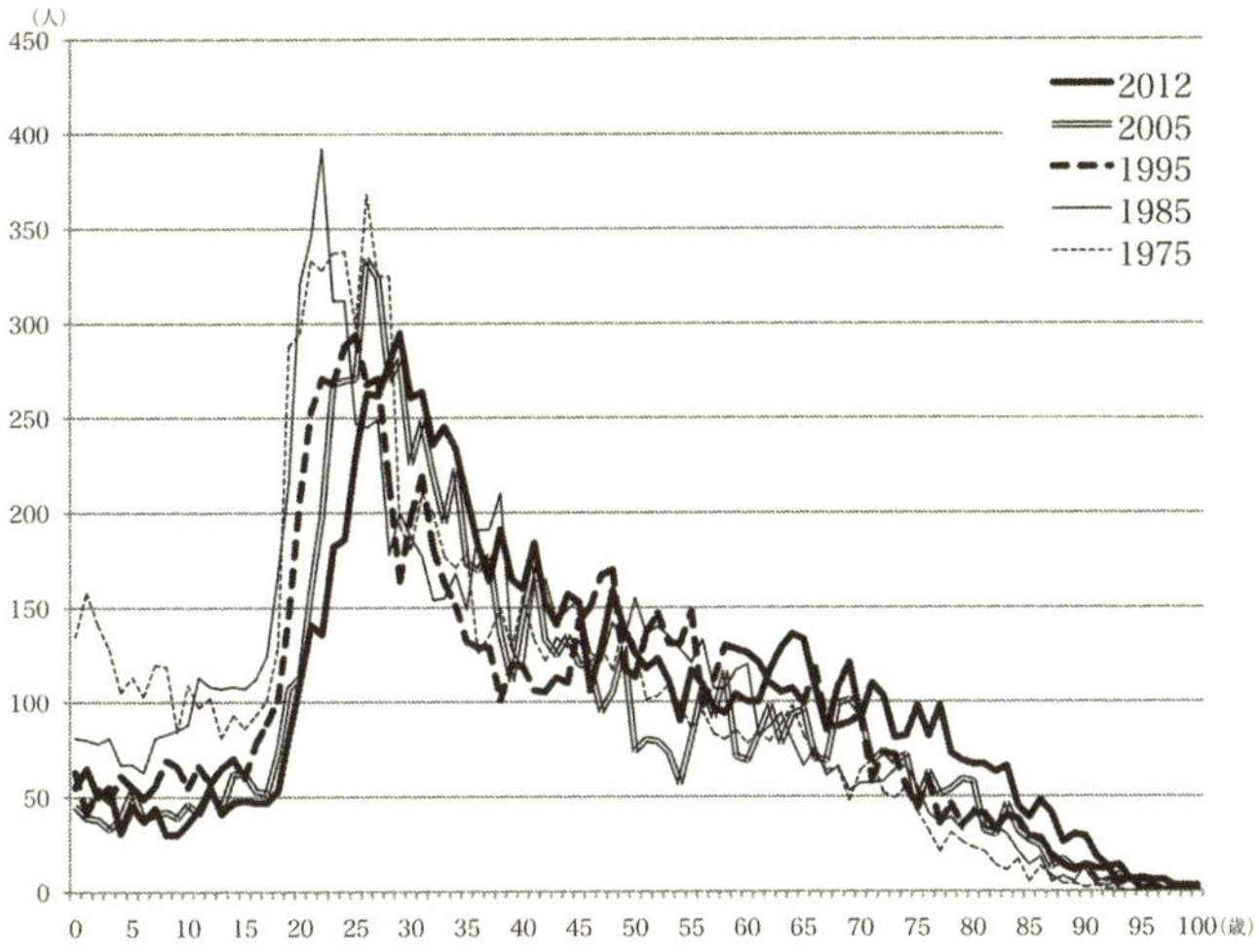

図８　世田谷区Ｍ地区の人口構成の変化

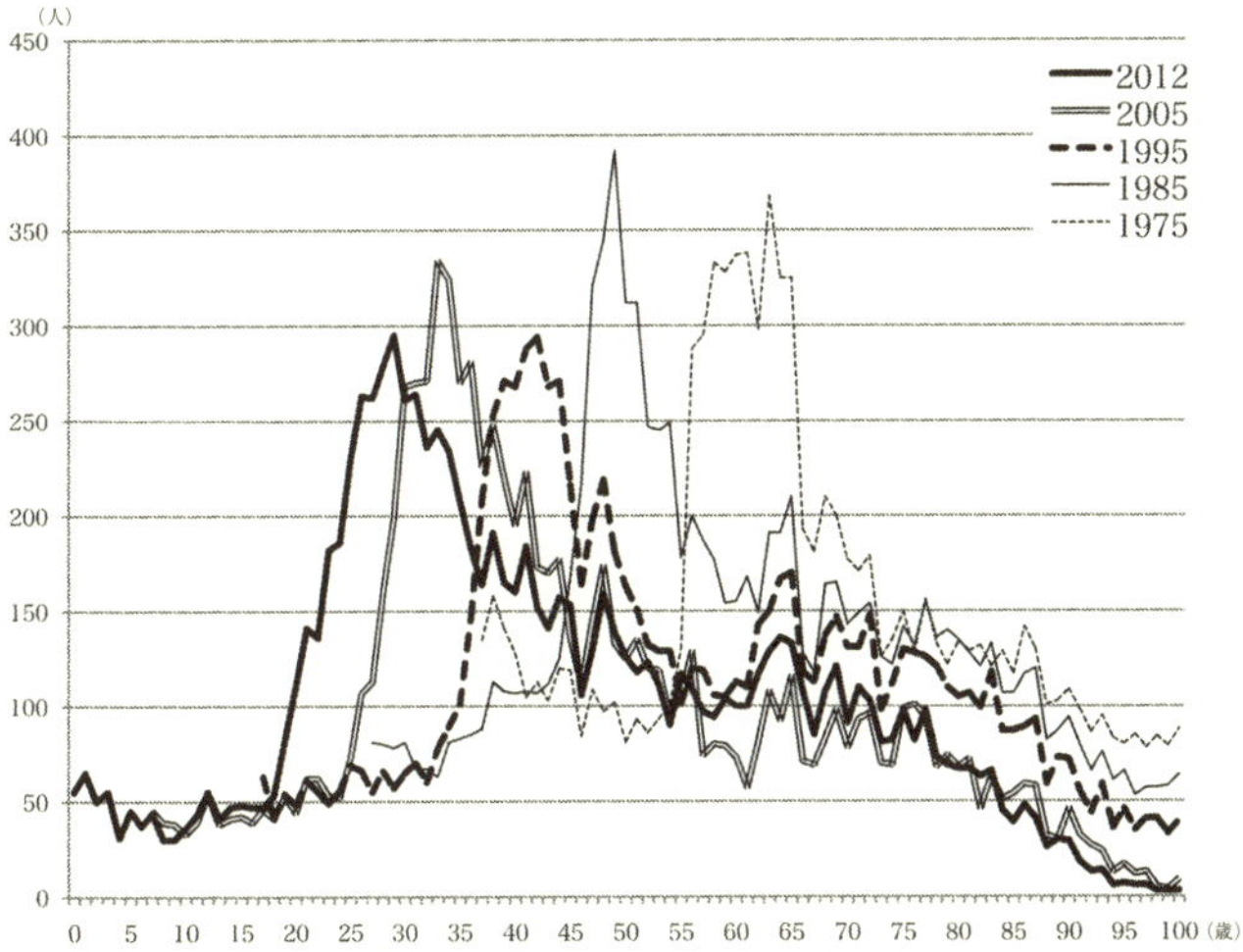

図９　世田谷区Ｍ地区の人口構成を同じ年に生まれた人口で重ねたもの

みてみると、どの年をとってみても、20代後半の人口が突出して多いという「若者の街」の状態が、30年のあいだ続いて来たことがわかる。このことは、人口構成を同じ年に生まれた人口で重ねた図9を見ると明らかである。どの年齢の人口も、20代後半の時の人口が突出して多い。この地区は新宿や渋谷といった副都心へのアクセスが格段によい。大学を出たくらいの若い世代はそのアクセスの良さに惹かれてこの地区に流れ込み、そして数年の間ここに住んだ後に、ごく限られた人を除いて地区を出て行ってしまう。一方的に出て行ってしまうならば街は衰退してしまうが、出て行ったところに再び同じような年齢層の人が入居する。若い世代の短期の居住が徹底的に繰り返されてきたのがこの街である。強みとしては、M地区に若者向けマンションを建てたら確実に借り手がつく、ということがあり、弱みとしては、ファミリー層が弱いので、ファミリー向けの商店や施設が発達していない、ということが考えられる。東京全体の人口増加の「前線」に常にさらされていた地区である。

誰が都市を使うのかを想像する

地方都市と東京のデータを使って、これまでどのような人口がどのように都市を使って来たのかを読み取ってきた。10年後から20年後のあるべき都市に収斂すべく、ベビーブーマーのための都市をどうたたみ、そこに、次世代のための都市をどう埋め込んでいけばよいかを考えてみよう。

既述の通り、人口が増加する時代の人口の動きは読み取りづらく計画が立てづらいが、逆に「計画を立てるしかなかった」という状況であった。しかし、人口は減少局面に入り、私たちは確実性の高い未来の人口についての予測を手に入れることが出来ている。そして重要なことは、その人口の大半が現在の人口で出来ているということ、その人口が暮らす未来の都市空間の大半も現在の都市空間で出来ているということである。

この、「すでにある人口」と「都市空間」が未来の計画の前提条件になる。今ある人口が楽しむにはどういう都市空間が必要か、今ある都市空間でどういう人口を楽しませることが出来るか、今ある人口が食べていくにはどういう都市空間が必要か。逆に今ある都市空間でどういう人口が食べていけるか、今ある都市空間はどういう人口に対して魅力を持つのだろうか。こういった、現在の人口のもつ望みと都市空間の可能性を読み取り考量していくという、きわめて当たり前の考え方が重要になる。それは、未来都市はどうあるべきだろうか、という漠然としたイメージを集めてつくる計画ではない。いつかは使われるだろう、という期待のもとにつくる大ざっぱな計画ではない。自分の家族はどう暮らしたいか、隣人はどうか、という他者の望みを具体的に想像し、その望みと、自分たちがつくり上げてきた都市の空間の強みと弱みを考量しながら考える計画である。

人生を80年と仮定すると、80歳から現在の年齢を引いた年数が、それぞれの人が「人生を組み立てるために使うことができる残り時間」である。人々はその時間と引き換えに、必要なも

	全国	東京都	T 市	中央区	世田谷区
残り時間の合計（人年）	4,420,498,000	465,357,701	4,187,752	5,097,173	31,800,548
人口（人）	127,078,000	12,880,144	132,313	132,935	858,639
平均年齢（歳）	45	44	48	42	43
平均残り時（年）	35	36	32	38	37

表2　それぞれの都市の残り時間　※東京の人口は平成26年10月現在、その他の人口は平成27年現在

のを手に入れ、人生を組み立てていく。人々が時間と交換するものの中には空間も含まれ、若い世代が多く住む都市であればあるほど、残りの時間は増え、それが豊かな空間形成に費やされる可能性が高くなる。つまり、都市に住む全ての人の残り時間を合計したもの（人年とする）が、現在の都市がもつポテンシャルとなる。そして、都市計画が調整するものは、都市にいま住んでいる人たちの残り時間のうち、空間の獲得や改善に使われる時間であり、それをどこに、どのように、どのタイミングで配分してもらうのかが計画の解くべき課題である。

２０１０年時点の状況を見ると、日本全体には44億２０５０万人年、東京には4億６５３６万人年、T市には４１９万人年、中央区には５１０万人年、世田谷区には３１８０万人年が残されている（**表2**）。１人あたりの平均値（80歳からそれぞれの平均年齢を引いた数値）を取ると、日本全体は35年、東京都は36年、T市では32年、中央区は38年、世田谷区は37年である。これらの残り時間をどこに、どのように使っていくかを考えなくてはならない。

そこでは人口と都市の空間に対する想像力が問われる。都市は多様な人々の多様な目標を実現する空間であるべきである。どういった人が、どういった目標のもとに、どう都市を使いうるのかということを具体的に想像する必要がある。まずは自分の想像出来る範囲の人たちが、どうやって都市を使って豊かな生活を送ることが出来るかを正確に考える。そして、もう一つ想像の環を外側に広げて、複数の多様な人々が使うものとして都市を想像する。想像の対象を家族や限られた友人だけに限定してしまうと、そこから抜け落ちる他者に対して都市は多様性を持てなくなるからである。

あるべきバランスを意識する

こういった個々の「望み」を実現する空間が集積された都市をつくることが、都市計画の役割である。しかし「合成の誤謬」という言葉があるように、個々の「望み」をただ積み上げたものが合理的な解であるとは限らない。積み上げる過程で、人口の全体像を常に意識する、望みの合計と人口の全体像を比べながら考えることが重要である。

人口の全体像には2つのバランスがある。1つは計画論上のバランス、もう1つは現実的なバランスである。

本来、人口のピラミッドには様々な形がある（図10）。

「逆三角形型」は少子高齢社会で福祉の負担が重たい社会、「菱形型」は働き盛りが沢山いる社会、「三角形型」は多子社会である。戦後の日本の社会は、大きくは「三角形型」「菱形型」

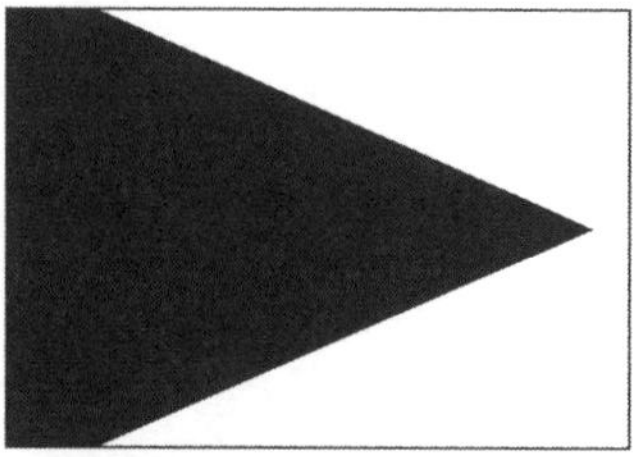

菱形型：偏った世代が多く出生した場合

日本型：偏った世代が多く出生し、かつその世代の子ども達も多く出生した場合。（現在の日本のケース）

逆三角形型：少子高齢化社会（近い将来の日本のケース）

三角形型：子どもが多く出生するが、医療の未発達等で年齢の上昇とともに死亡者が増える場合

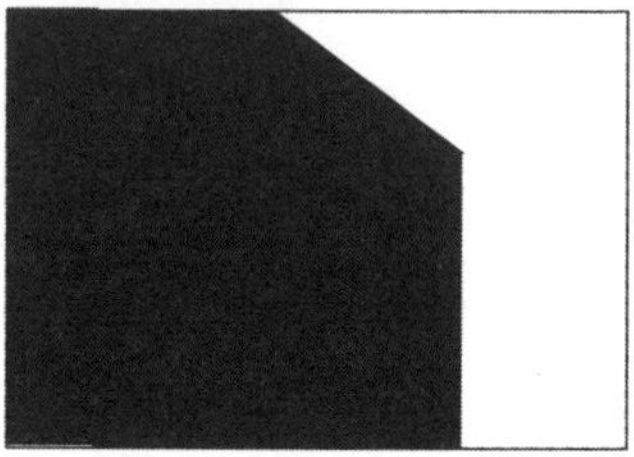

長方形型：医療が発達し、子ども、若年の死亡率が減少し、寿命を全うする場合。（理想のケース）

図 10　人口ピラミッドの様々な形

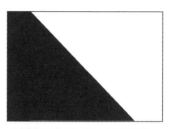

「逆三角形型」と推移して来たわけであるが、この3つの形が極端になった状態、つまり1つの世代が突出した状態が様々な問題を引き起こすことは日本の経験が証明している。したがって、理想的にはなるべく特定の世代の突出がない「長方形型」に近い形がよく、このような理想形態を目指して、それぞれの都市の人口を考えることが1つ目の「計画論上のバランス」の取り方である。

しかし、日本の全ての都市が計画論上のバランスを目指すと問題が起きてしまう。なぜならば、日本全体の2050年の人口は「逆三角形」であり、計画論上のバランスとは異なるからだ（図11）。日本の人口は増えず、それは計画によっても増えない、整えて捌くことだけが計画の役割である。つまり例えば、ある都市が集中的に若い世代を吸い取ってしまうと、別のところで老人だらけの都市が出来てしまう。ある都市が人口のバランスを崩すことは、他都市のバランスを崩すことに直結する。都市の抜けたところにいつのまにか若い人が入り込んでいるだろう、という甘い見通しがきく、無尽蔵に人口が増え続けた時代ではない。筆者が「現実的なバランス」と述べたのは、この2050年の日本の人口であり、このバランスが「10年後から20年後のあるべき都市」を考える時の基準になる。

日本の人口の全体はこれ以上は増えず、上限は決まっており、上限の人口がとりあえず暮らしていけるだけの都市はすでに出来ている。自分の都市がどのような人口に使われて来たのかを理解する、自分の都市の人口がどのように推移するかを理解する、自分の都市の人口と新し

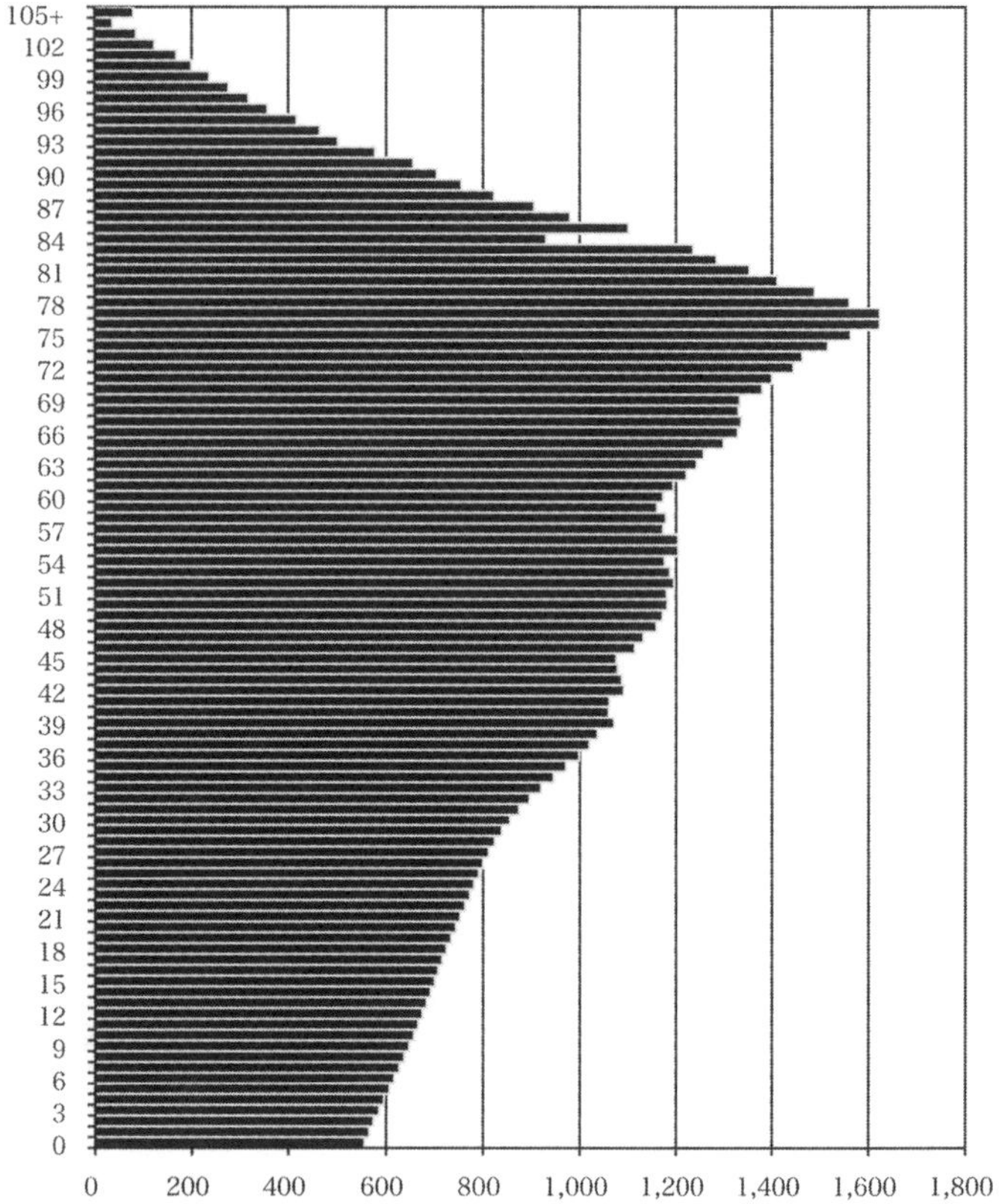

図 11　2050 年の人口ピラミッド。日本の将来推計人口（平成 24 年 1 月推計）出生中位（死亡中位）推計（国立社会保障・人口問題研究所）より筆者作成

い人口がどういう目標をもって都市を使うかを想像する、その想像の集積を人口の「現実的なバランス」と考えあわせたところに、「10年後から20年後のあるべき都市」がある。

まちづくりの中で議論する

筆者は、いくつかの実際のまちづくりの現場の中で、人口の問題を議論したことがある。最後に市民と人口の問題を議論する時に用いた方法を紹介しておこう。

M地区では、「将来はどういう人口バランスを目指すのか」ということを考えるために、世界の国々や日本の各地の人口ピラミッドを用いたワークショップを開催した(図12)。東京、日本、フィンランド、中国、ペルー、アメリカなど、様々な国や地域の人口ピラミッドのグラフを作成し、参加者が自分の住む地区の将来ついて、どのバランスがよいかを議論するワークショップである。参加する人たちが想像しやすい国や地域のデータを準備することがポイントであり、感覚的ではあるが、「南米っぽさ」や「北欧っぽさ」といった、共通イメージを媒介にして議論が進み、人口バランスという抽象的なテーマに対して、手がかりを積み上げながら議論をすることができた。ちなみに、一番バランスがよいのはアメリカのグラフであり、若い世代が継続し、高齢になるとだんだん減っていく(寿命を全うする)という構成に見える。しかし、アメリカの場合は高齢者と若者の構成比率が、おそらくは人種によって異なっていると考えられるから、中味を見ると決して良いわけではないと考えられる。

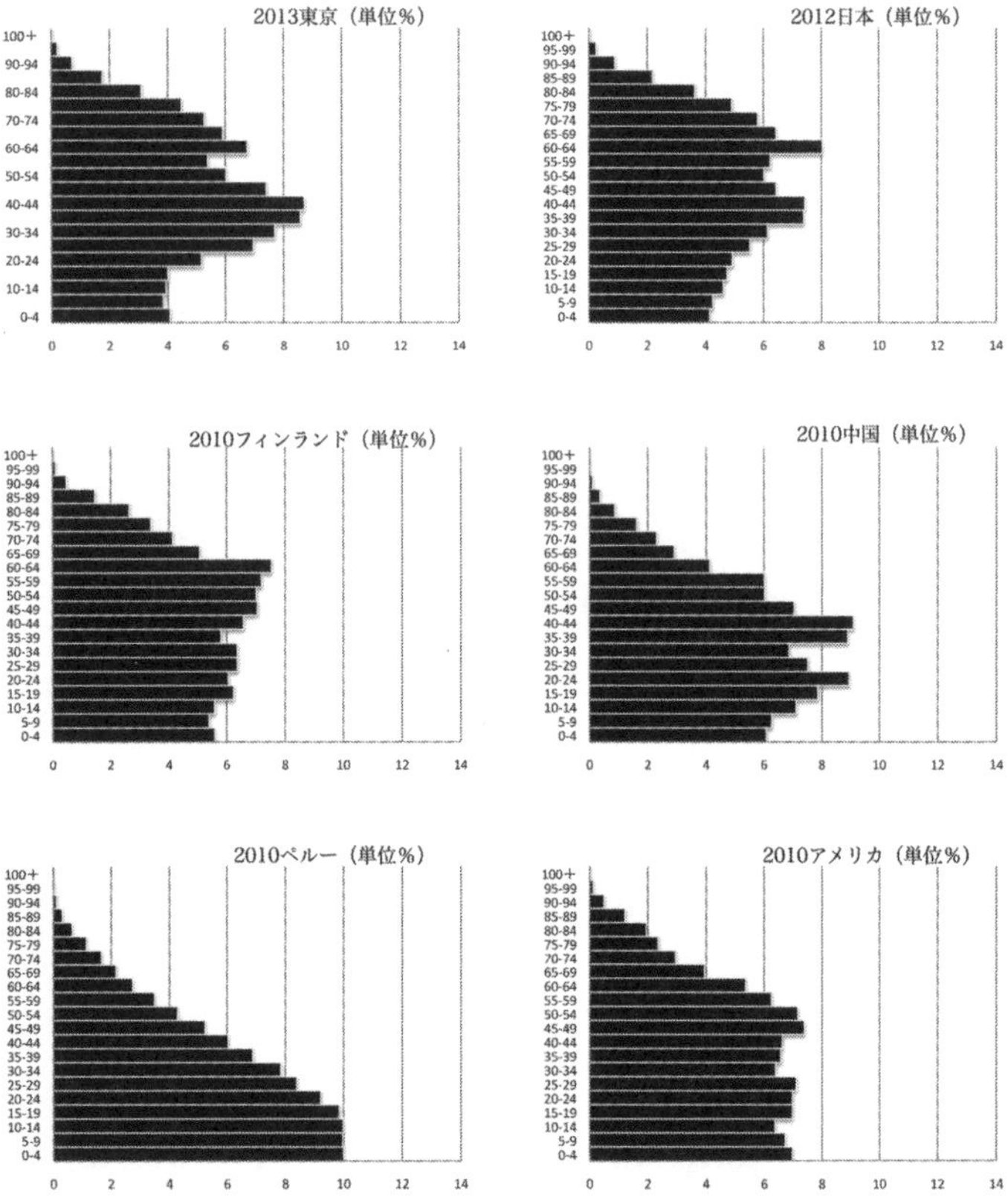

図 12　世界の人口ピラミッド。首都大学東京饗庭研究室作成

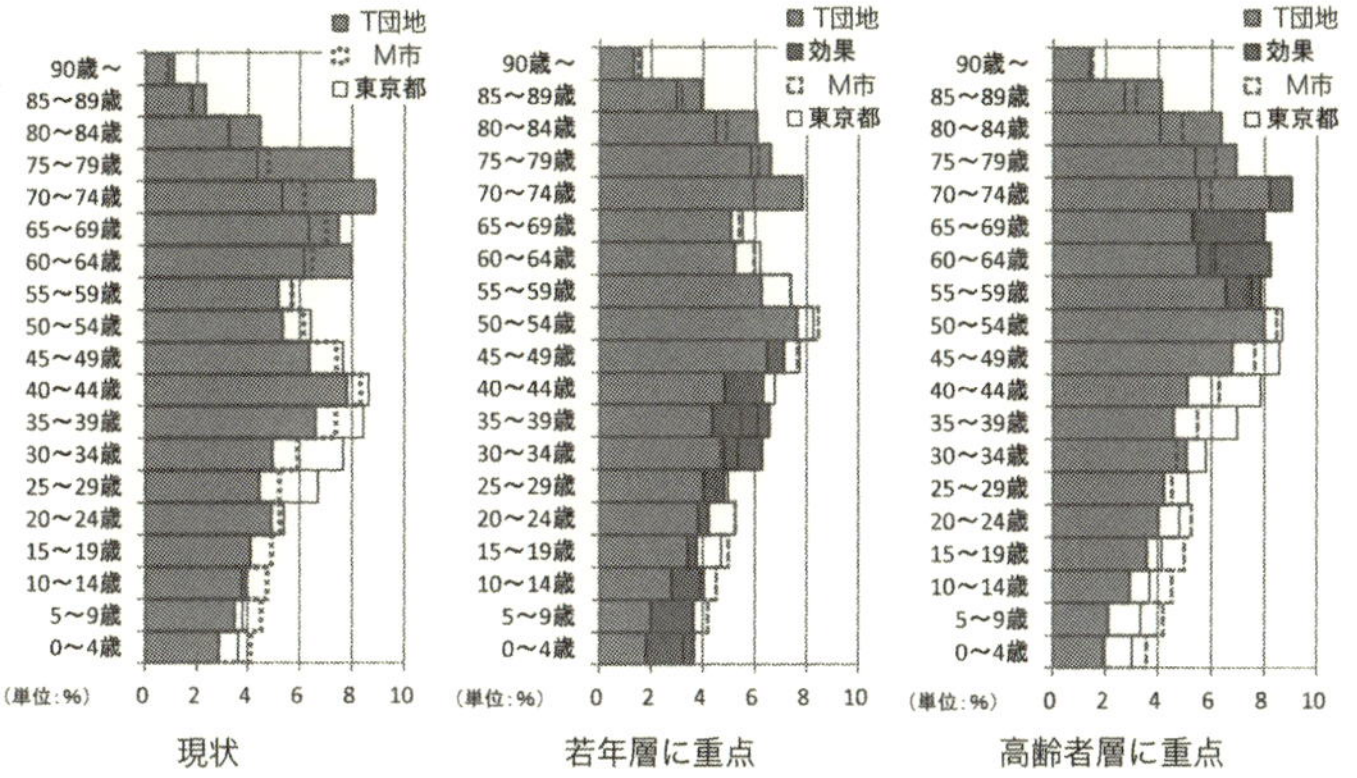

図13　T団地の人口ピラミッド。T団地団地再生検討会資料より引用

同じく筆者が関わっている東京郊外M市のT団地では、現在の人口ピラミッドをもとに、高齢者が新しく増えた場合のシナリオと、若者世帯が新しく増えた場合のシナリオを2つつくり、それぞれの人口ピラミッドを作成して将来の人口バランスを議論した（図13）。この団地は昭和一桁世代の人たちが建設された時に入居し、そのまま年を重ねてきた団地である。ここで育った子どもたちは独立し、団地には年老いた初期入居世代が残されていた。しかし、そこで見られる超高齢化社会が悲惨なものであるか、というとそうではない。団地の商店街は機能しており、近隣の商業環境も充実している。彼らが長い時間をかけて培ってきたサークル活動は熟成しており、自治会が主導する高齢者の見守りシステムも稼働している。見方を変えると、高齢者が集合住宅にコンパクトに暮らし続けられている、という強みをこの団地は持っているわけであり、このままこの強みを

活かして、新たに高齢者が入居して暮らし続けられる団地を目指すのか、若い世代が入居して世代間のバランスがとれた団地を目指すのか、２つの方針を可能性としながらT団地では取り組みが進められている。

図13は議論のために作成した図であり、現状と、若い世代の居住に重点を置いた時の将来、高齢者の居住に重点を置いた時の将来を示したものである。図にはそれぞれの時点のM市、東京都のグラフが同時に書き込んである。例えばこの地区に若い世代を大量に増やした場合、そのあおりで、どこかの地域の高齢化率があがってしまう。人口減少時代は、パイを冷静にわけあうようなデザインが求められるのだろうから、自分のまちだけでなく、つねにM市、東京都の中でのバランスを意識しましょう、ということで書き込んだものである。

年齢や性別だけが示された抽象的な人口ピラミッドだけでは、いきいきとした街の姿、そこで暮らす人々の姿を想像することは難しい。M地区では、人口ピラミッドのグラフを選んだあとに、そこで暮らす高齢者はどういう人たちなのか、サザエさん（都市の3世代居住）、あまちゃん（地方から上京してくる若者）など、誰もが知っている典型的なキャラクターを準備し、人口ピラミッドの中に、具体的にどういう動機やどういうニーズを持った人が居るのかを想像しながら、将来の人口を考えた（写真1）。

地区ではその後に都市の空間がどうあるべきかを検討するワークショップを展開していったが、抽象的な人口と具体的な空間のイメージを橋渡しする方法としては有効であった。

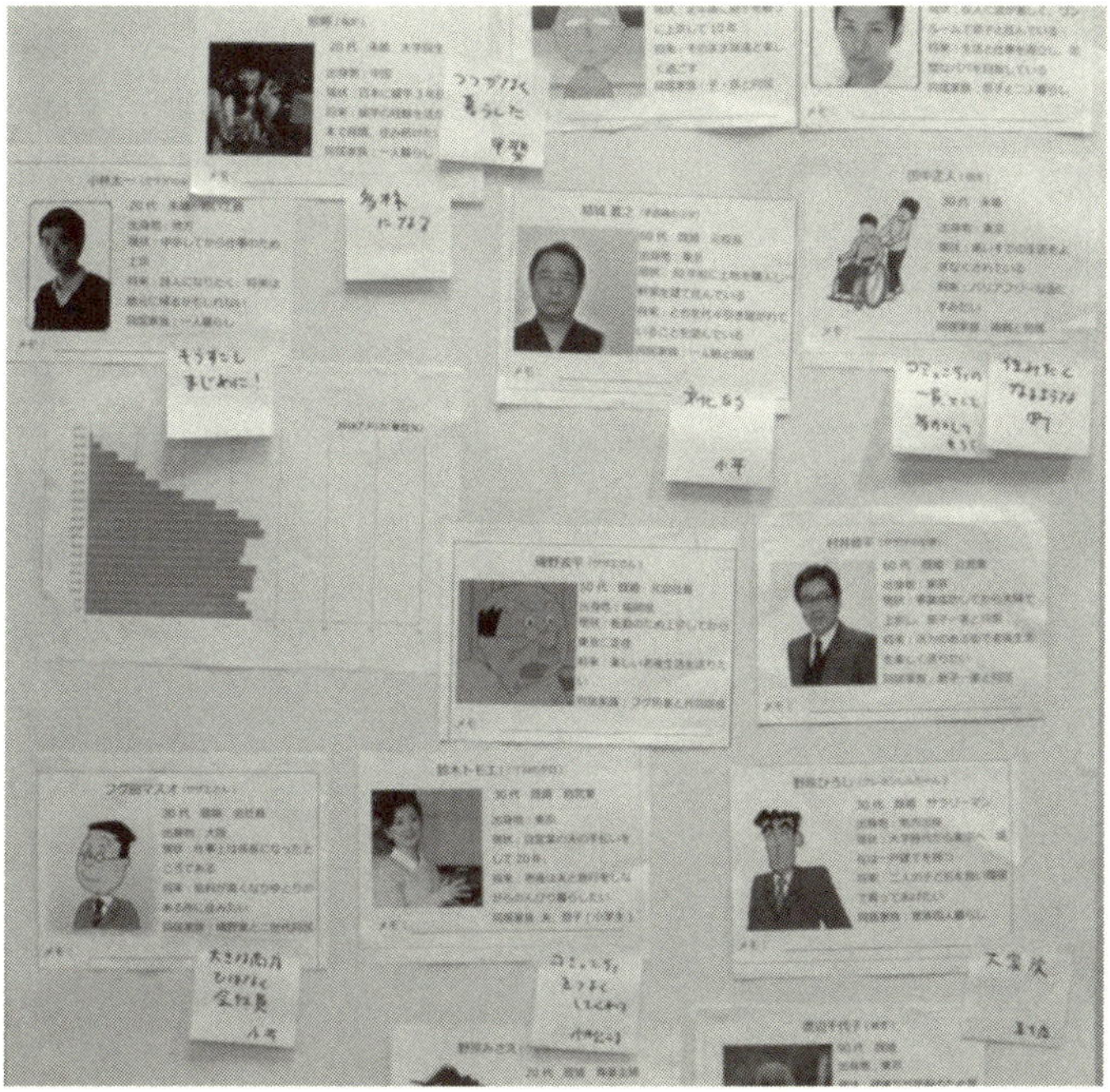

写真1　人口ワークショップの成果

人口減少を過度におそれない

本章では、「計画とは何か」という問いに対し「内的な力による変化を、整えて捌くもの」という定義を与えた。そして、都市計画が整えて捌く「内的な力」である人口についての考え方を整理した。都市が拡大するときの人口は単純で強い力を持っていたが、都市が縮小する時の人口は、小さな目的を持つ「私たち」の集合である。一つ一つはバラバラの方向を向いているが、整えて捌くべき人口自体が少なくなるために、それは「読みやすい」。人口をきちんと読む、つまり、自分の都市がどのような人口に使われてきたのか、自分の都市の人口がどのように推移するかを理解し、自分の都市の人口と新しい人口がどういう目標をもって都市を使うかを想像することが、都市計画の適切な実践のために重要である、ということが筆者の述べたいことである。人口減少を悲惨なことのように考えている人は多くいるが、自身のまちの人口の動きをきちんと理解し、人口減少を過度におそれないことが大切である。

では、このような「内的な力」の容れ物である都市の空間は、どのようなかたちを持っているのだろうか。人口は「読みやすい」が、果たして都市の空間はどうであろうか。次章では都市空間についての議論を展開していきたい。

文献と注

（1）例えば Harry W. Richardson（編）Chang Woon Nam（編）『Shrinking Cities: A Global Perspective (Regions and Cities)』２０１４年、Brent D. Ryan『Design After Decline: How America Rebuilds Shrinking Cities』２０１２年、Philipp Oswalt（編）Tim Rieniets（編）『Atlas of Shrinking Cities』２００６年などがある。

（2）蓑原敬『地方主権ではじまる本当の都市計画・まちづくり』学芸出版社、２００９年

（3）都市計画では独自に計画人口を定めることは少なく、自治体の総合計画等で計画人口を定め、都市計画はそれを踏襲することが多い。こうした計画人口を根拠にして、多くの場合は行政の担当者や政治家の思いつきによって、移住者への補助金などの支援、人口増を狙った婚活パーティなどが行われることがあるが、殆どがアドバルーン的なものであり、人口増減の大勢には影響のない施策である。

（4）松谷明彦・藤正巖『人口減少社会の設計』中公新書、２００２年

（5）平山洋介は『東京の果てに』（ＮＴＴ出版、２００６年）において、「地方から東京に移住した人たちは、雇用とライフチャンスを求め、将来に向かって暮らしを組み立てた。この力の束が前線開発の動力であった」（p.10）と述べている。

第3章　縮小する都市空間の可能性

都市空間の大きくなりかた、縮みかた

筆者が都市縮小期の空間像について研究に取り組み始めた時は、都市というものは人口減少に沿って段階的に小さくなるのだと漠然と考えていた。そのイメージを描いたものが図1である。

2007年から2008年にかけて、この図を頭に思い浮かべながら、実際に首都圏近郊の市街地を回る機会を得た。その時の興味は、都市の縮小が始まっている外郭線にあった。都市と農地がせめぎあっている外郭線はどのように引けるか、自然と農地がせめぎあっている外郭線はどのように引けるか、その線はどのように見えてきているか、という興味である。調査の方法は単純であり、都心から50㎞、60㎞、70㎞と段階的に離れていき、そこでどう市街地の密度が下がっていき、「ここが都市の縮小の外郭線ではないか」と言えるような、明確な線引きが出来るかどうかを見ていった。

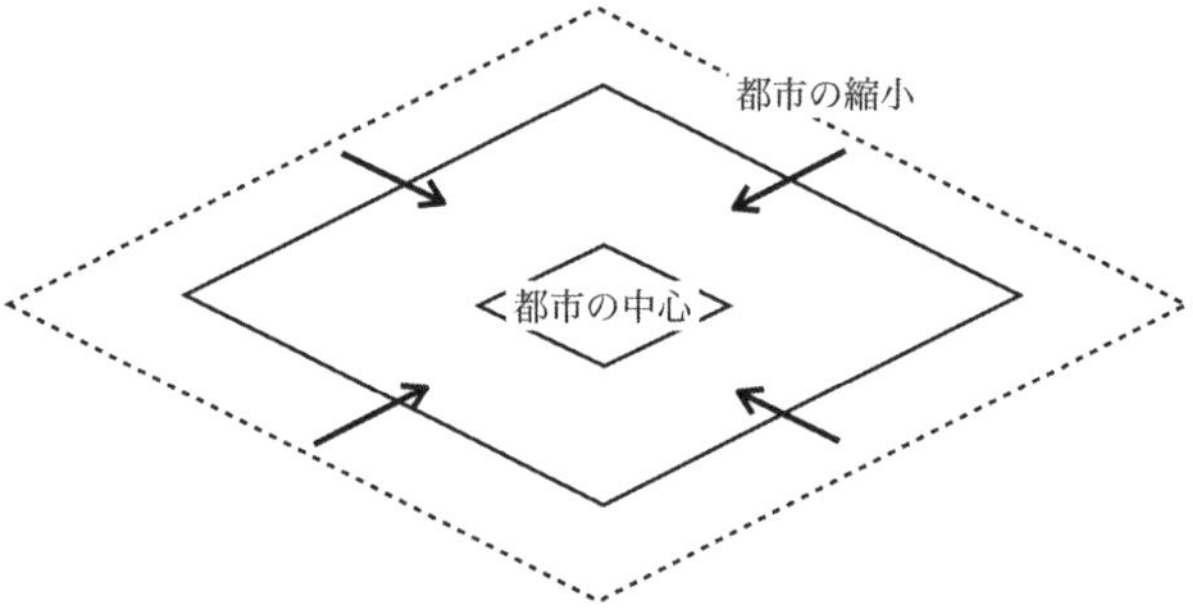

図１　漠然とした都市の縮小のイメージ

この「外郭線」の発想の背景にあったのは、過去の首都圏の都市計画に登場した「線引き＝市街化区域と市街化調整区域の設定」とよばれる線である。線引きは１９６８年に創設され、現在にいたるまで40年以上にわたって、市街化するべき区域とその外側の区域を区切って土地利用をコントロールしてきた。これからの人口の減少にともなって、戦後に大きくなった都市を小さくすることを考えると、人口増加時代を迎えた１９６８年に引かれた線が外郭線をひく一つの手がかりになるのではないかと考えたわけである。

しかし調査で明らかになったことは、縮小の「外郭線」を描くことは出来ない、というシンプルな結論である。実際に土地を観察してみると、大都市近郊の周辺部には農地と山林と宅地が混合している。線引きをして40年近くが経つものの、結果的に都市化しなかった土地は多く残存している。戦後から一貫して人口が増え続けた都市にあって、しぶとく残っている農地が意味することは、農地が都市にならないことが悪いというのではなく、農地を都市にしようとした理屈が失敗していた、ということであろう。これは「都市化」の失敗である。

そして、一方の「縮小化」の徴候を観察してみると、空き家は必ずしも周縁部に発生しているわけではないことがわかる。都市拡大期の末期には山奥の電気や水道すら整備されていない土地が投機の対象となり、開発はなされたけれども入居が進まない住宅地が広がっている。こうした住宅地は、首都圏の60～70km圏の近辺にぽつぽつと存在していたが、そこに一つでも建物が建ってしまうと密度が上がり、そこには30～40年ほどの都市的な土地利用が出現することになる。都市縮小期における都市の密度の変化は、中心であるか周辺であるかにかかわらず起こり、思いもよらぬところの密度が下がったり、上がったりしているのである。

都市はスプロール的に拡大する

このようにあらわれて来ている都市空間の変化のメカニズムをもう少し詳しくみていこう。まず都市の拡大期から見てみよう。図2は東京の郊外の4地区を選び、1932年、1965年、2002年の地図を並べたものである。東京大都市圏の郊外に位置するエリアであり、特別なところを切り取ったわけではない。じわじわと農地が食いつぶされるさまを見ることができるだろうか。「スプロール」とは「虫食い」という意味であり、農地や自然がじわじわと食い荒らされるように都市化する、この地図に見られるような現象を指す。

この呼び名にはネガティブな意味が込められており、「計画的に、コントロールがきいた状

葛飾区堀切一丁目近辺
世田谷区世田谷一丁目近辺
練馬区土支田三丁目近辺
武蔵野市吉祥寺南町四丁目近辺

1932年　1965年　2002年

図2　4カ所のスプロール。1932年・1965年の地図は『日本図誌大系　関東Ｉ』（朝倉書店 1972年）より抜粋、2002年の地図は国土地理院刊行の 1/10000 地形図より抜粋した

態で都市を拡大させる」ということに対する失敗を指す言葉である。なぜスプロールが問題なのかについては、昔からいくつかの問題が指摘されている。ひとつは異なる用途の土地が隣り合わせであることとの混在の問題、例えば農地の臭いや土ぼこりが住宅地に入り込んでしまう、という問題である。また、水道などのインフラストラクチャーの非効率性の問題もある。住宅が建つと、そこに対して電気や水道を敷設しなくてはならないが、バラバラに建ってしまうと、電気や水道は長い距離をつながなくてはならなくなり、非効率になる。また、住宅と農地が混在している景観が美しくないという問題もある。これらは古くから問題として認識されており、その対応も様々に講じられていたが、結果的に日本の都市計画は戦後の都市拡大期においてスプロールを出現させてしまった。

この状況に対して、人口減少時代、都市縮小期に転じたことを契機に、これからは計画を強くし、コントロールがきいた状態で都市を縮小させるべき、という議論は少なくない。特に都市縮小期になってクローズアップされてきたのが、「朽ちるインフラ」[1]などで提起されている「インフラストラクチャーを計画的に縮小させないと自治体財政が破綻する」という議論である。先ほどのスプロールの問題点の2番目に対応する議論であり、説得力をもって社会に受け入れられている議論ではあるが、筆者は、単に計画を強く機能させるということだけでは、問題は解決出来ないのではないかと考えている。なぜならば、先述の通り、「力を整えて捌く」ことが計画の役割である。都市拡大期の都市計画が捌こうとして、思った通りには捌けなかった力は何なのかをもう少し正確に理解すること、さらには、出来上がったスプロールの空間にどういう力が内在しているか、力がどのような形やベクトルを持って出てくるかを理解しなくてはならない。つまり、今後の都市縮小期に都市計画が前提としなくてはならない力がどういうものなのかを理解することが必要である。

既述の通り、都市計画には「線引き」という制度がある。これは都市計画を行う区域を「市街化区域」と「市街化調整区域」の2つに区分することを指す。前者は開発を促進する区域、後者は開発を原則としては許容しない区域である。都市の周辺において、高まる不動産市場の圧力に対して、開発をコントロールする線を引いておき、線の内側の開発を許容し、外側を規制するものであり、我が国では1968年の都市計画法の全面的な改定にあわせて導入された。もちろん「スプロール」を防ぐために導入された制度である。

この制度がきちんと機能していれば、スプロールは起きなかったはずだ。時代ごとの不動産市場の圧力――それは都市に新たにやってくる人たちの「望み」で構成されている――に相応した線をややキツめにひき、圧力が増したところを少しずつ広げていく、というふうにうまく力をコントロールしながら都市を拡大していけばよかったはずである。しかし、まず意図通りにいかなかったのが、線引きは戦後すぐの農地改革によって農地が分割され多くの土地所有者がすでにいる社会に対して導入されたため、多くの土地所有者の意向を、導入時から個別に踏まえざるを得なかったことである。線引き導入時の日本はまだまだ成長気運があったので、多くの土地所有者が将来の都市化をもとめてしまった。そして結果的に日本全国で指定された全市街化区域面積のおよそ3割にあたる約30万haの農地が市街化区域に組み込まれてしまう。つまり、最初から緩めの線が引かれてしまったのである。

さらに、この制度が中途半端であったのが、線の内側を「開発しなくてはならない」としたにもかかわらず、その実行力が弱かったことであり、結果的には「開発しなくてはならない」が「開発してもよい」という考え方にかわってしまったことにある。例えば市街化区域の中の農地に対しては、宅地並みに高い固定資産税が課税され、農地から都市に転用するように圧力が加えられた。しかし、農家の反対運動などによって様々な緩和措置が行われ、結果的には圧力としては中途半端に終わってしまう。線の内側には開発をしてもよいし、しなくてもよい、モラトリアムのエリアが広く出来ることになった。それはその後40年近く続くことになる。

モラトリアムのエリアの土地所有者は、農家としての顔、不動産経営者としての顔、家族の長としての顔を複数持ち、使い分けることが可能になる。ある人はそのまま農業を続け、ある人は「先祖代々の土地」が足かせとなって土地を売却することが出来ない。一方である人は自分の家族が生活していくために、土地を売却して都市に変えてしまう。大半は隣同士の相談すらしないため、これらはランダムに出現する。さらに、一人が複数の顔を持つということは、個人が自分の土地の中で、都市的土地利用と農村的土地利用を組み合わせうることを意味する。個人の敷地を分割し、一部に貸家を建てる、一部は畑のままで利用する、といった土地利用の混在が起きることになる。

こうした、大きな単位での混在と小さな単位での混在が連なって日本の都市は拡大していった。これが「虫食い＝スプロール」である。

線引きは結果的には、こういった力、土地所有者が自分たちにあわせて土地を利用していく意図をうまく捌くことができなかった。それは、農地改革によって土地所有者が増えた、という「力の細分化」を理解していなかったということである。

都市はスポンジ的に縮小する

では、都市縮小期はどうなるか。不動産市場の力――都市に新たにやってくる人たちの「望み」の総和――は弱まる。一方で拡大期のスプロールの過程では、戦前の大土地所有者を解体した農地改革に次ぐ、さらなる土地所有者の増加が起きた。農地改革により農地を得た人たちが、都市拡大にあわせて、その土地を細かく分割して売却していった。農地改革によってかたちづくられた土地所有の単位が、さらに10分割、１００分割、１０００分割され、小規模な土地や建物に対して全て異なる所有者がいるという社会になってしまったわけである。

土地所有の細分化、多数化は何につながるか。土地の動きは所有者の固有の事情に左右されるので、全体として土地の動きはよりランダムさを増す。スプロール後の土地所有者はほとんどが農業者ではないため、個々の土地所有者の意思はそれぞれの仕事や家族との関係、例えば

	前提		特徴			
	人口の圧力	土地所有	規模	変化の方向	発生する場所	見えやすさ
スプロール	強い／住宅市場の成長	農地解放により土地を得た農業者	中規模	農村的土地利用から都市的土地利用への単方向の変化	比較的少数の中心との関係で説明できる	見えやすい
スポンジ化	弱い／脱市場化	個人	小規模・超小規模	逆方向・多方向の変化	ランダム	見えにくい

表1　スプロールとスポンジ化の違い

いつ定年を迎えるか、子ども達がいつ独立するか、老親の介護がいつから始まるか、配偶者がいつ亡くなるか……といった固有のタイミングで決まっていく。ある住宅地で、ある家は既に数年前から空き家になっているのに、その隣では、その同じ大きさの家を取り壊してさらに3分割したような小さな住宅が売られていたりする。つまり、縮小と拡大という全く異なる現象が隣り合わせで起きることになる。

　都市縮小期において、都市の大きさが小さくなるわけではない。都市の大きさ自体はほとんど変化せず、その内部のランダムな場所において、それは中心部の商店街かもしれないし、郊外の戸建て住宅地であるかもしれないが、小さな敷地単位で都市の密度が上がったり下がったりすることになる。大きさが変わらず、内部に小さな孔がランダムにあいていく動き、このような動きを「スポンジ化」とよぶこととしたい[2]。

　スプロールとスポンジ化の違いを際立たせて、それぞれの特徴を整理しておこう（表1）。

　1点目は、土地所有者の数と所有する土地の大きさの違い、つまり意志決定と変化の規模が小さくなる「小規模化」である。スプロールも細かい空間単位で起きたが、スポンジ化はより細かい単位、1つの住宅、1つの敷地単位で起きる。100世帯が住むような集合住宅（マンション）も多くあるわけだが、そういうところでもスポンジは等しく発生する。

2点目は、土地利用の変化の方向の違いである。スプロールは農村的土地利用から都市的土地利用への単方向の変化であった。典型的には、農地がつぶされ、そこに建売りの住宅が建ち並ぶという変化を思い浮かべていただければよい。このスプロールに対し、スポンジ化は逆方向・多方向の変化である。例えば、空き家となった住宅が空き地となった後に隣家に買収され、隣家の家庭菜園として利用されている場合がある。あるいは家族用の住宅であったものが改造され、地域の在宅福祉の拠点に転用される場合もある。

3点目は、どこでスポンジが発生するか、という特徴である。スプロールがランダムさはあるものの例えば中心駅や中心商業地などの都市中心部の近いところから外側に向かって徐々に起きたことであるのに対し、スポンジ化はよりランダムに、中心部との距離とは強い関係を持たずに起きることである。例えば90年代の中頃からいわゆる「シャッター商店街」が問題となっているが、こうした中心部の空き家化や低利用化と、郊外部の空き家化や低利用化が1つの都市の中で同時並行に起きる。

4点目は、スプロールは農地が無くなり住宅が建ち並ぶという、目に見えやすい分かりやすい現象であったのに対し、スポンジ化は目に見えにくい現象である。例えば住宅は人が住まなくなったらすぐに取り壊されるわけではなく、暫くは「空き家」という状態で地域に残ることが多い。本当に古い空き家は外見で判断することが出来るが、多くの場合は外見で空き家を判断することは難しい。また、空き家の判断もそもそも厄介である。例えば地方都市に行くと、そこの家に住んでいた子ども達によって、年に一度の法事やお正月の時だけに使われている住宅があったりする。年に一度でも利用されていたら「空き家」ではないような気がするし、とはいえ年間で300日以上使われていない住宅を、普通の住宅と同じようには考えられない。建物というものは、建った瞬間と壊される瞬間は目に見えるが、その間の状態を正確に把握することはなかなか難しい。都市縮小期とは、建物が使われなくなる時代ということだが、それは本質的に「目に見えにくい」ということである。つまり、あなたの町で、スポンジ化がまだ起きていないように見えるかもしれないが、気がついたら、実はまわりは空き家だらけだった、ということが起こりうるかもしれない。

まとめると、脱市場化を前提とした超小規模化、多方向化、場所のランダム化、不可視化がスポンジ化の特徴である。

スポンジ化のあらわれ

このようなスポンジ化はどうあらわれているのか。

ランダムに発生するとはいえ、日本の全体で見るとスポンジ化が進んでいるところと、そうではないところがある。まずは、都市計画の専門家の中で、都市の低密化、スポンジ化がどこで発生するのか、それがどのような問題であると認識されていったのかを整理しておこう。

人口が減って都市が衰退する、という現象は古くからある。特定の産業が中心となっていたような都市は、その産業の移転や衰退によって人口が減少する。例えば炭坑や鉄鋼業であり、炭坑で栄えた北海道の夕張市の破綻とその都市の衰退は記憶に新しい(3)。しかしこれらは、大きな人口動態と連動した問題ではなく、エネルギー構造や産業構造が転換する際に起きた問題であり、因果関係は直接的ではっきりしていたし、短中期的に人口が移動することによって解決されてきた。

こういった都市とは別に、都市の低密化の実態が初めて注目されたのはバブル経済崩壊（1991年）の後である。バブル経済崩壊にともなって開発が中断し、都心などに多くの空き地が発生した。それまでは空き家や空き地は開発に至る途中段階の状態として捉えられていたわけであるが、日本の都市はこの時に初めて普通の都市に出現する「恒常的な状態」としての低密化に出会ったのである。

90年代の後半には、全国的な地方都市の中心市街地の低密化の実態が注目される。中心市街地活性化のための法律が出来た1998年前後のことであり、いわゆる「シャッター商店街」とよばれるような、商店街の空き店舗を中心とした都市の低密化の問題が注目された。当時すでに人口が減少し始めていた地方都市もあったが、この問題は人口減少時代の問題としてではなく、市街地の外側に大規模な商業施設がたくさん建設されてしまったことの影響と結びつけられ、つまりはスプロールと表裏一体の問題として考えられていた。

2000年代になると、「失われた20年」とよばれる長期的な経済低迷期の中で、これらのバブル経済崩壊後の開発が中断された空き地や地方都市中心市街地への対策が進む。国土交通省が「土地活用」や「低・未利用地の活用・管理」を掲げて調査や提言を行い、「都市再生」の名のもとで様々な開発の方法や空間設計の工夫が考えられ、それぞれの土地の開発が実践された。(4)

筆者は、この頃の取り組みが、人口減少時代の問題として都市の低密化を捉える入り口になったと考えている。都市の低密化に対して、この頃はまだ「工夫された開発」による解決が目指された。地方都市の中心市街地で小規模な再開発を成立させれば活性化するのではないか、定期借地権を組み合わせて土地利用のイニシャルコストを下げれば大規模な未利用地に建物が建つのではないか。都市拡大期に沢山行われた駅前再開発のような画一的で魅力のないプロジェクトではなく、プロジェクトの一つ一つの事業手法と空間設計をオーダーメード型で工夫した開発が試みられたわけである。それで成功した開発はいくつもある。しかし、様々なケーススタディや、実践を行ってみた結果、「どうやっても開発できない土地がある」ということに、専門家も徐々に気づくことになる。それは、そもそも「開発」だけが一つの答えなのか、「開発」

という概念を拡張しなくてはいけないのではないか、という根本的な問いにつながったし、更には表面的な工夫ではなく、より深い社会構造に原因を求める議論につながっていく。

2000年代の中盤以降は、はっきりと人口減少時代を意識して、様々な都市の低密化の実態研究が進む。地方都市中心市街地では空き店舗だけでなく、その周辺の住宅地まで実態研究や取り組みの対象となっていく。また、この頃は新たに高度経済成長期以降に開発された郊外住宅地も問題の対象に加わる。開発から30～40年を迎え、その入居者たちの高齢化の足音が聞こえて来るころである。バブル経済崩壊以後は地価が下がり続けたために都心に多くの住宅が開発されるようになり、「都心回帰」とよばれる現象により郊外住宅地からの人口の流出も起きる。地方都市の郊外住宅地や、「限界市街地」とよばれる首都圏の超郊外にある住宅地といった、低密化が顕著な場所の実態調査が進み、一体的に開発されたニュータウンの「オールドタウン化」も象徴的な問題となっていく。

この頃に筆者は首都圏の自治体に対してアンケート調査を行っている。参考までに、当時の自治体が認識していた「都市の縮退の課題が発生している、あるいはこれから10年程の間に発生の可能性があると思われるエリア」と「そのエリアは、どのような条件下にあるか」についての集計結果を紹介しておこう（表2）[5]。

まず、発生エリアについてみると、「1950年頃に既に市街地であったエリア」が60自治体、「農山漁村を中心とするエリア」が45自治体、「おおむね1950年～1985年に一体的に開

(n=208)

			都市の縮退の課題が発生している、あるいはこれから10年程の間に発生の可能性があると思われるエリア							
			おおむね1950年～1985年に一体的に開発された住宅系市街地	おおむね1950年～1985年にスプロール的に開発された住宅系市街地	1950年頃に既に市街地であったエリア（中心市街地など）	公的賃貸住宅団地が立地するエリア	大規模な工場やその跡地の周辺エリア	おおむね1985年以降に開発された住宅系市街地	農山漁村を中心とするエリア	その他
			41	20	60	30	20	13	45	37
エリアはどのような条件下にあるか	自動車や鉄道などの交通が不便	55	22	12	14	11	4	4	25	4
	ガス、上下水道、電気などのインフラ整備が不十分	18	6	6	7	2	3	3	7	2
	土地利用規制が厳しく新たに開発が出来ない	21	7	3	5	7	5	2	8	1
	土地利用や景観が混乱しており住環境が悪い、魅力が無い	13	2	7	5	1	1	1	3	2
	開発が中断している、あるいは中止した	4	1	0	1	0	1	1	2	1
	人口の急激な高齢化が見込まれる	98	36	11	29	27	11	9	32	8
	地震や洪水などの自然災害に弱い	6	1	0	1	0	1	0	2	2
	地形が急峻であるなど、都市的な土地利用に適さない	16	2	3	4	3	0	1	10	3
	工場や廃棄物処理関係施設などにより、都市環境汚染のおそれがある	1	0	0	1	0	1	0	0	0
	商業や工業が衰退している	68	11	7	52	9	13	2	16	3
	農業や林業が衰退している	32	4	4	10	2	2	4	31	1
	治安が悪化している	0	0	0	0	0	0	0	0	0

表2　都市の縮退が懸念されるエリアと条件

発された住宅系市街地」が41自治体と多く見られた。その条件については「人口の急激な高齢化が見込まれる」が98自治体、「商業や工業が衰退している」が68自治体、「自動車や鉄道などの交通が不便」が55自治体と大多数を占めた。「エリア」と「条件」のクロス集計の結果を見ると、商業の衰退と高齢化が進む中心市街地、交通不便で農林業の衰退と高齢化も進む農山漁村というそれぞれに政策の蓄積がある課題エリアがあらためて確認された結果であるが、第3の課題エリアとして「交通不便」でかつ「人口の急激な高齢化」を条件とする「おおむね1950年～1985年に一体的に開発された住宅系市街地」があぶり出されて来たことが印象的であった。この頃には、郊外が問題エリアとして認識されはじめたということだろう。

以後多くの地区や自治体では、空き家や空き地を対象とした実態調査が進められている。いくつかの先進的な自治体では、実態調査だけではなく、空き家バンクや空き家改修の補助金、空き家除去の制度などが整えられ、具体的な対策が行われている。「開発」の概念も、従来の建替えや新規開発を中心としたものではなく、空き家の除去や再活用も含むものというふうに拡張しつつある。

以上概観してきた、低密化の問題の展開を整理してみよう（図3）。

①大都市都心：バブル崩壊後の90年代後半には空き家・空き地が恒常的な状態になったが、2000年以降の「都市再生」の中で、新しい開発手法が生み出され、新しい開発が再び活性化することになった。その過程で空き家や空き地は解消され、より高密な都市空間へと変貌して

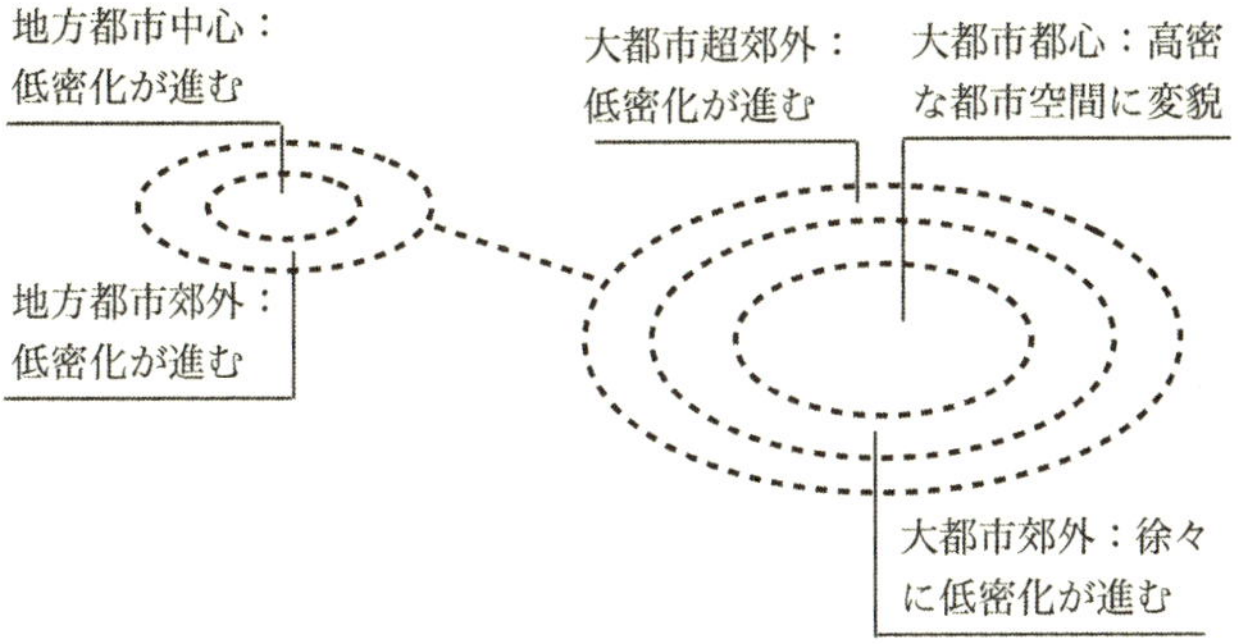

図3　都市の低密化の問題の状況

いく。特に、東京の都心部はめざましく開発が進み、「都心回帰」とよばれる人口移動が２０００年代を通じて続いた。

②**大都市郊外**：「都心回帰」の影響を受けて徐々に低密化の傾向が進んでいるが、それほど問題は顕在化していない。予防的に手を打っておこうという先進的な地区や自治体では取り組みが進んでいる。

③**大都市超郊外**：首都圏であれば60～70㎞圏以遠に開発された住宅地であり、ぎりぎり開発が行われた住宅地が多い。分譲や入居が中途であり、新しく建つ住宅もあれば、既に不動産として放棄され空き地や空き家が多く発生しているところもある。こうした住宅地は「限界住宅地」とよばれ、極端な低密化が進んでいる。

④**地方都市中心**：80～90年代を通じて、商業施設の郊外化にともなって商店の空き店舗化が進み、シャッター商店街として社会問題化した。周辺の空き家も増加しつつある状況にあり、低密化が進んでいる。商業施設の郊外化の流れ

は２０００年代に入ってもかわらないため、空洞化したままの商店街が多く存在する。
⑤地方都市郊外：人口減少の影響を受けて低密化の傾向が進んでいる。

大都市超郊外の状況

では、少し縮尺を上げて、実際の状況をいくつか見てみよう。

まず大都市の超郊外、60km～70km圏にある「限界住宅地」と呼ばれる住宅地を見る。大都市の市街地は広い範囲で連続して連なっているが、超郊外になると既成市街地から離れたところに面的な開発が行われて存在していることが多い。既成市街地とは道路一本でつながっており、その道路にぶどうの房のように住宅地がぶら下がっていると考えれば分かりやすい（図4）。こうした市街地は、既成市街地とガスや水道がつながっておらず、ガスはプロパンガス、上下水道は自前で設備をつくっているところが多くある。

具体例として千葉県のB地区を見てみよう。東京の都心から70km圏に位置し、鉄道の最寄り駅は都心まで90分ほどかかり、さらに駅からバスで10分という立地にある。筆者は２００７年に自動車でこの地区を訪れたが、既成市街地から人家のない丘陵地帯を抜けると看板があらわれ、そこから住宅地に入って行くという道のりであった。地区には空地のまま残る宅地や未管理の住宅が数多く存在し、数えてみると６１０区画のうち75％にあたる４５９区画が空いており、４区画に３区画が空き地であった（図5）。この住宅地自体は１９７５年頃の開発である

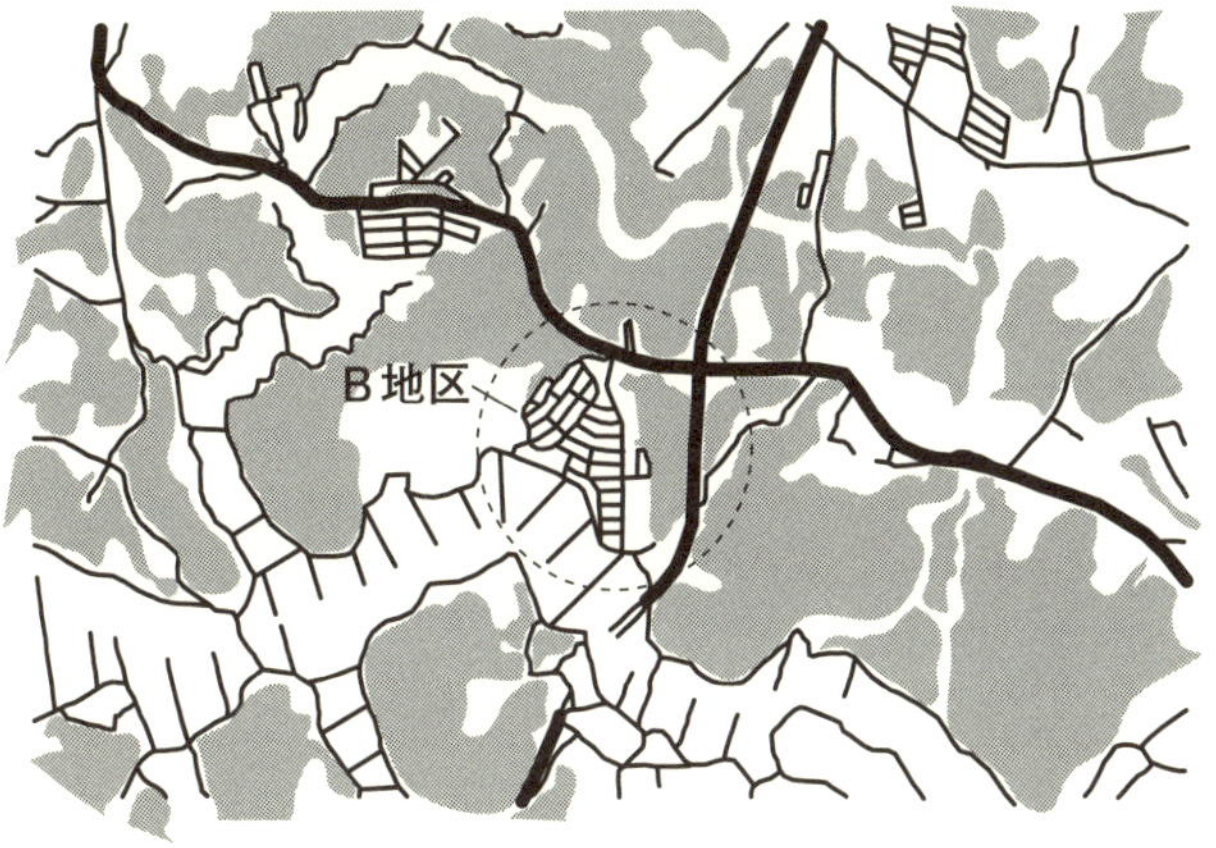

図４　Ｂ地区の立地。灰色地が丘陵地、白地は畑地であり、丘陵地を縫うように幹線道路がつくられ、そこからぶどうの房のようにぶら下がって地区が開発されている

が、建っている住宅を見ると、築30年程度と思われるものに混じって、築10年も経っていないようなものもいくつか存在する。つまり、この地区に都市拡大の力は弱く継続的にかかり続けており、一方で弱い人口減少の力もはたらいており、２つの弱い力がせめぎあっているということである（写真1）。インフラストラクチャーを見てみると、上下水道の設備は団地管理組合によって運営されており、居住者が出し合った維持管理費で運営されている（写真2）。住宅地内のいくつかの道路は私道であり、メンテナンスが不足してアスファルトが剥がれ土が出ている箇所がある。

実際に住宅地を歩いてみると、さすがに空き地が多く寂しい雰囲気であった。雰囲気としては中山間地に点在する集落と似ているが、中山間地の集落と大きく異なるのは、集落は農地や

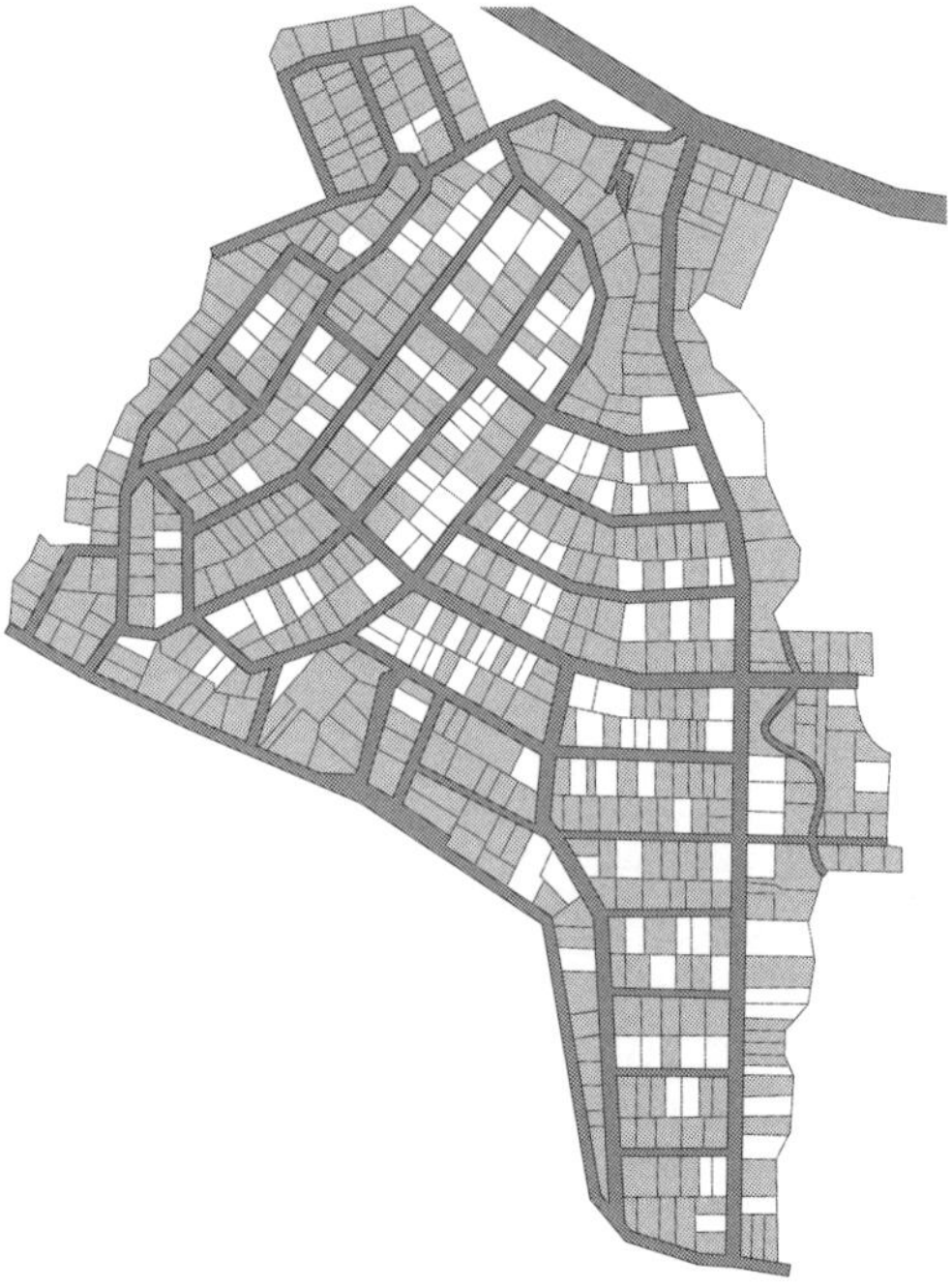

図５　Ｂ地区の配置図。灰色の区画が空き地である

林地といった生産の場と一緒につくられているのに対し、限界住宅地は住宅と、住宅用につくられた空き地だけで構成されているというところだろう。集落では農地や林地との関係の中で住宅がつくられているが、全ての住宅は、周辺の農地や山林から背を向けるようにして、道路に正面を向けている。つまりは道路でつながった先にある都市との関係だけを意識して住宅地がつくられているということだ。駐車場だけでなく、玄関も、リビングも、人の目線もすべてが道路とその先の都市を向

写真１　Ｂ地区の街並み

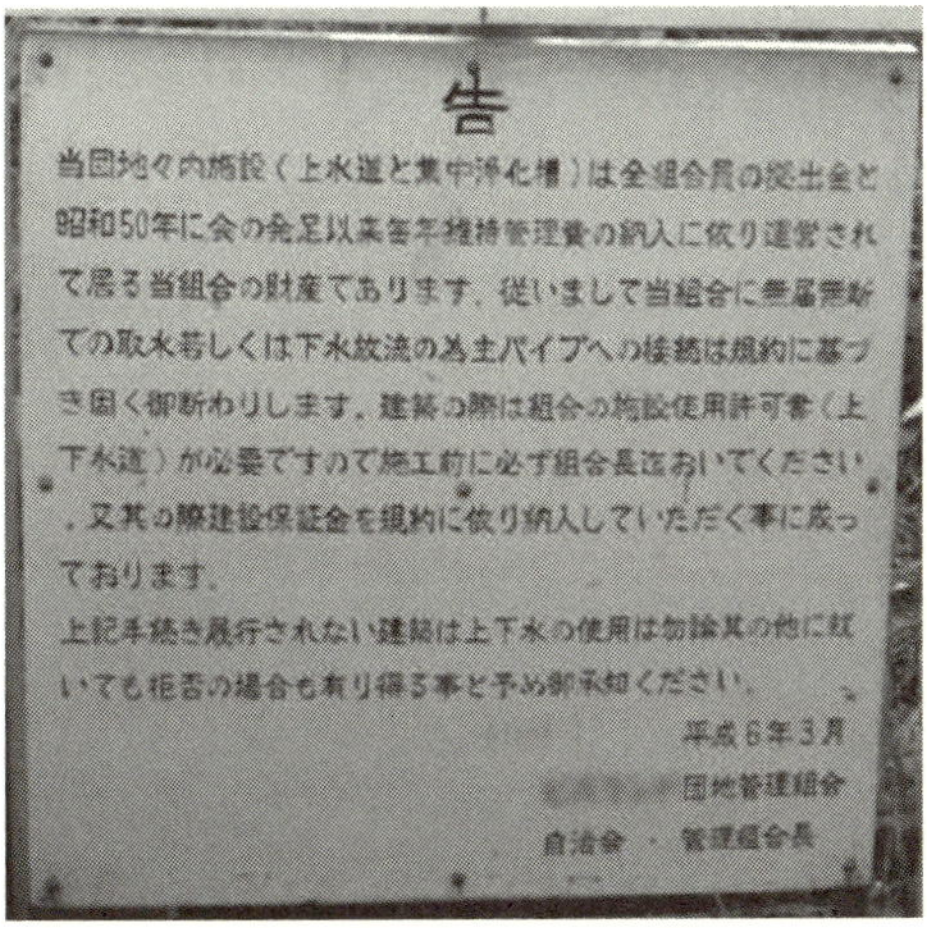

写真２　Ｂ地区の団地管理組合が設置した上下水についての看板

いている。

もしこの住宅地の環境を少しでもよくするために空間をデザインするとすれば、住宅の向きを180度反転させ、集落のように周辺の農地や山林と空間的な関係をつくって馴染ませるということで、随分と印象は変わるのではないかと感じた。つまり周辺の農地や自然との関係を積極的にデザインすることによって、都市の辺境を豊かな中山間地へ変化させるということだ。たとえば空いている宅地を農地として利用する、各住宅の庭から周辺の農地や山林に向けて散策路をつくる、こういった小さなことで環境がよくなるのではないかと感じた。

次にもう少し都心に近い、同じ千葉県のN地区を見てみよう。この地区は東京の都心から60km圏内に位置し、鉄道の最寄り駅は都心まで60分ほど、さらに駅からバスで20分という立地にあり、B地区と比べるとやや恵まれた場所にある（図6）。地区を見ると、555区画の25%にあたる136区画が空き区画となっている。B地区との立地条件のわずかな違いが空き地率の違いになっているということだろう。自治会活動は活発に行われているようで、空き地を使っての自治会による駐車場経営も行われていた（図7、写真3）。

実際に住宅地を歩いてみると、B地区に比べると、N地区は極端に寂しいという感じは受けなかった。おおよそ4軒に1軒の割合で空き地や空き家があるが、空き地の草刈りがきちんと行われていたり、駐車場として利用されていることもあり、全体に古びてはいるが落ち着いた住宅地という印象である。また、この住宅地から少し離れたところでは、新たな住宅地が開発

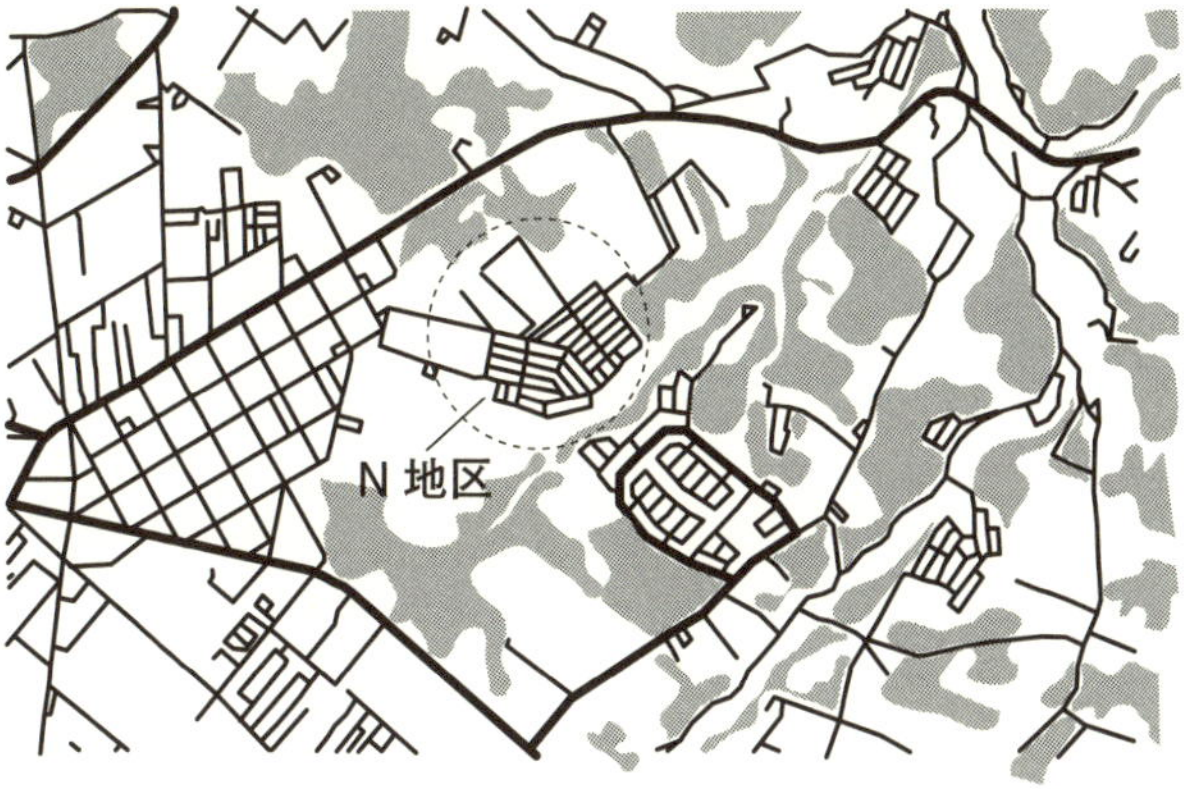

図６　N地区の立地。東側の格子状の道路が組まれた市街地からN地区が連担していることがわかる

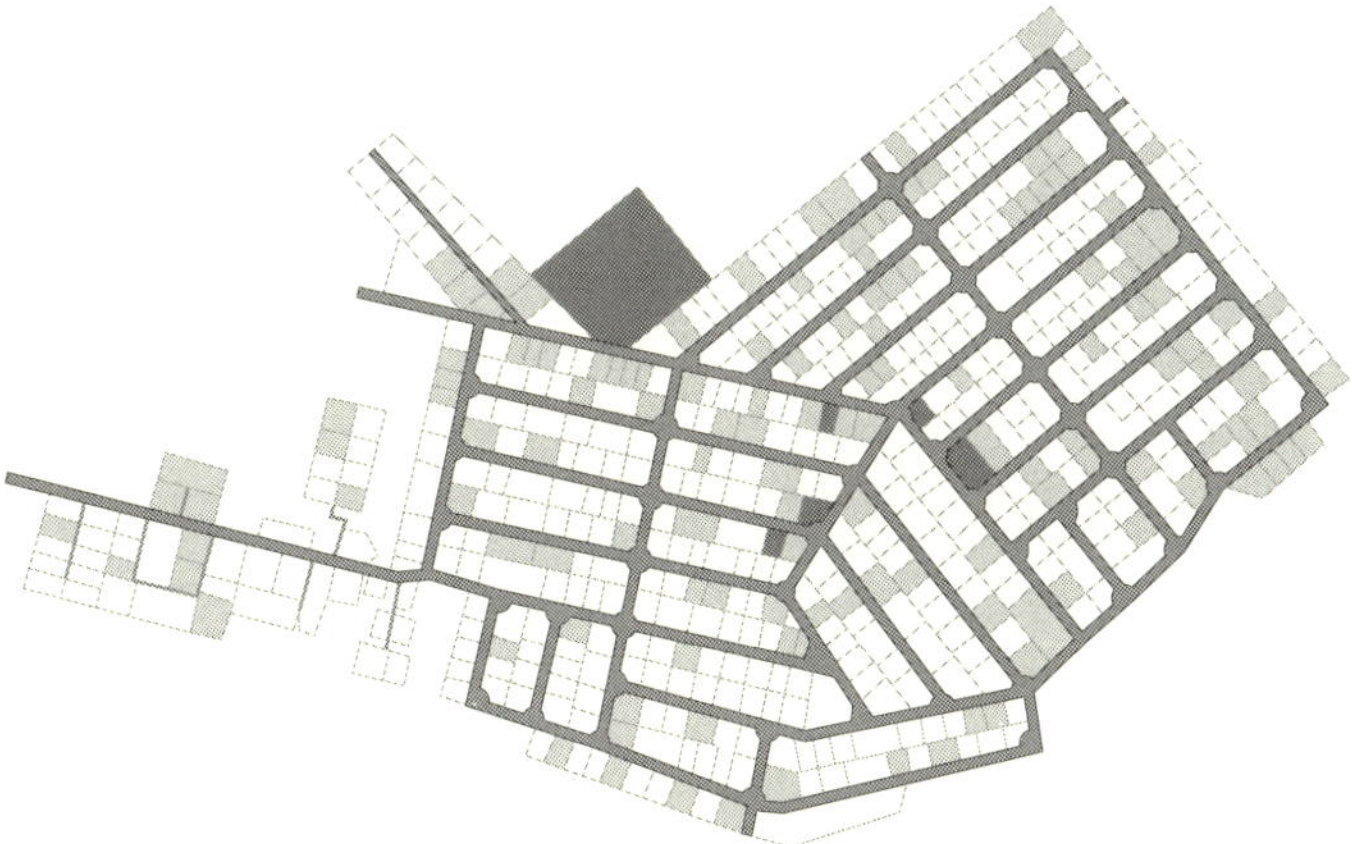

図７　N地区の配置図。薄い灰色の区画が空き地、濃い灰色の区画が駐車場である

写真３　Ｎ地区の街並み

写真４　Ｎ地区の新築建物

されて、数戸の新築の建物が分譲販売されていた。スプロールとスポンジ化が、同じ場所で同時に発生しているということである（写真4）。

地方都市中心部の状況

次に目を地方都市に転じてみよう。これまでの2地区は現地調査で見ることが出来た空き家や空き地の状況をみてきたが、これから見る山形県の都市では空き家の現状について目で見えないものも含めて正確な調査をしている。空き家の全国的な状況は住宅土地統計調査という統計調査で把握することができるが、それによると2013年の全国の空き家率は13・5％（820万戸）である。しかし、この数字には「賃貸用の住宅」「売却用の住宅」「二次的住宅」「その他の住宅」の4種類の空き家が含まれている。つまり、空きアパートや、新築されたばかりで入居されていない住宅、普段は使っていない別荘などの空き家も含まれる。これらを外して統計データをよりきびしめに読むと、[6]その数は305万戸であり、空き家率は約5・0％である。したがって、約20軒あたり1軒くらいの空き家があるのが平均的な状況と言える。[7]

具体的に山形県T市の中心部であるS町の状況を見る。空き家率は16・6％であるので、空き家化が進んでいる。城下町時代の面影を残す古い市街地であり、戦災や大災害にもあっておらず、抜本的な都市基盤整備がなされなかったところに、古い住宅が取り壊されたり、敷地が切り売りされたりして新しい住宅がゆっくりと混入していった市街地であるが、図のようにあ

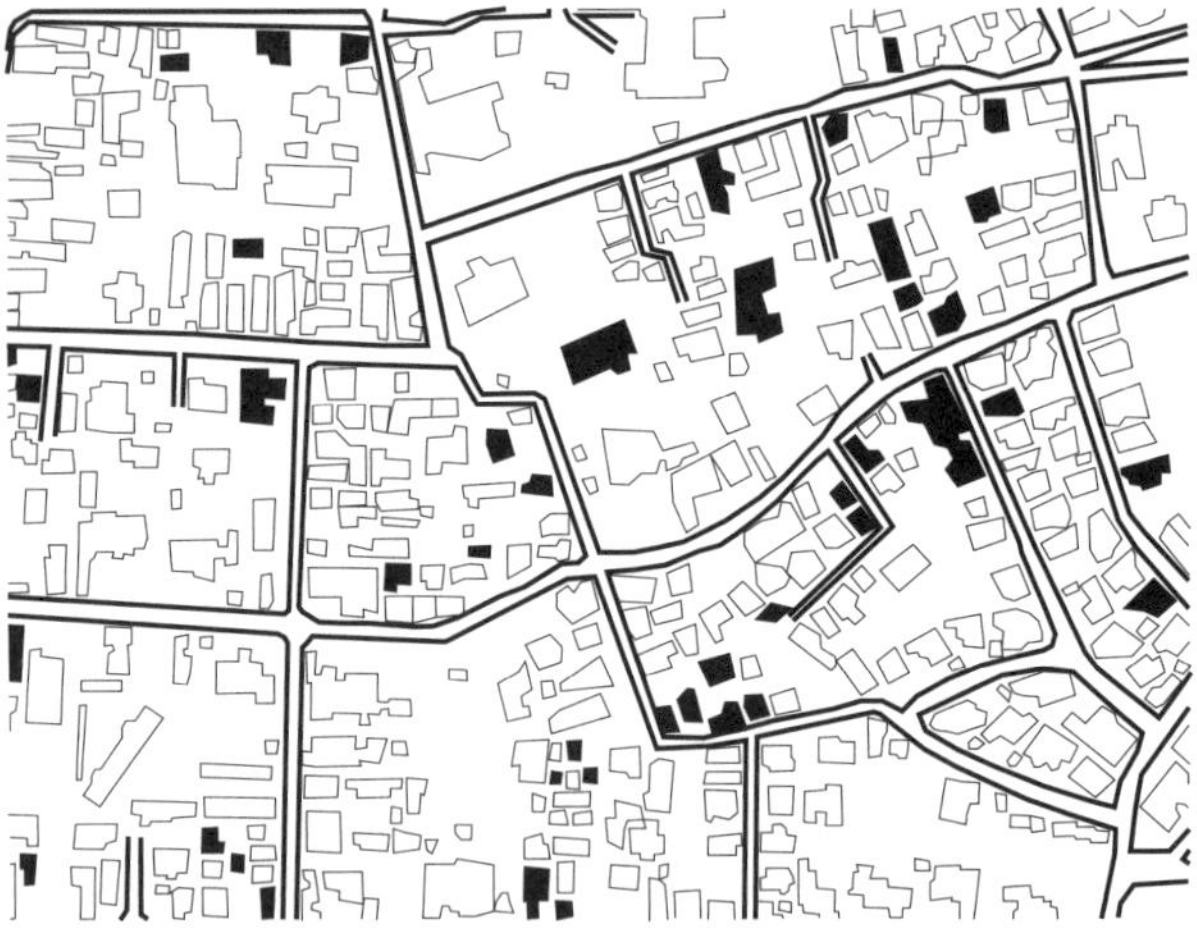

図8　T市S町の空き家分布（部分）。灰色の建物が空き家である

ちこちでランダムに空き家が発生している（図8）。

調査をした市の職員や不動産業者に話を聞いてみると、それぞれが空き家になった理由ははっきりしている。それぞれの人が固有の人生を送っているのと同様に、それぞれの住宅は固有の空き家化のプロセスを辿っており、それが町として集積した時にこのようなスポンジの状態になるのである。

実際に現地を歩いてみると、これらの空き家は「少し気になる」という程度である（写真5、写真6）。住環境が極端に悪いわけでも、体感治安が悪いわけでもなく、どちらかというと多少は全体が古びているものの、それが十分な魅力になるような、落ち着いた住宅市街地である、ということが率直な感想である。しかし、T市は積雪が多い地域であるため、雪下ろしの担い

写真５　Ｓ町の空き家

写真６　Ｓ町の空き家

写真７　雪の重みによって
倒壊した空き家

手がいない空き家は雪の重みで倒壊してしまうことがある。街の中にも実際にそういう住宅があり、危険な住宅や倒壊してしまった住宅は、近隣の人や町会から所有者に取り壊しや除去の連絡をするそうだが、まれに連絡がつかず、倒壊した住宅がそのままの状態になっていることもあるということだった（写真7）。また、地元の不動産業者に話を聞いたところ、空き家を購入したり借りたりする人は、値段を下げてもなかなか見つからず、さらには空き家や空き地が月極の駐車場になっているところがあるが、その借り手すら十分につかない、ということであった。不動産の市場自体がはっきりと縮小しているようである。

大都市郊外の状況

ここまで超郊外、地方都市とスポンジ化の状況を見て来たが、大都市の郊外では、まだこれほど空き家や空き地が発生していない。次の事例は東京郊外のH市の斜面地に1962年に開発された戸建て住宅団地のA団地である。鉄道の最寄り駅は都心まで40分ほどかかり、さらに駅から徒歩で15分という立地にある。この場所は駅に近く利便性が高いので、50年の間、空き家や空き地にならず絶えず新陳代謝が繰り返されている。その実態を細かく見てみよう。

この場所は登記簿のデータが入手できたので、2009年時点の土地と建物の登記年を見てみる（図9）。この住宅地は1962年に造成された後、68年、88年、2005年と3度に渡って拡大（スプロール）している。土地の登記が宅地が造成されてから5年ほどの間に集中して

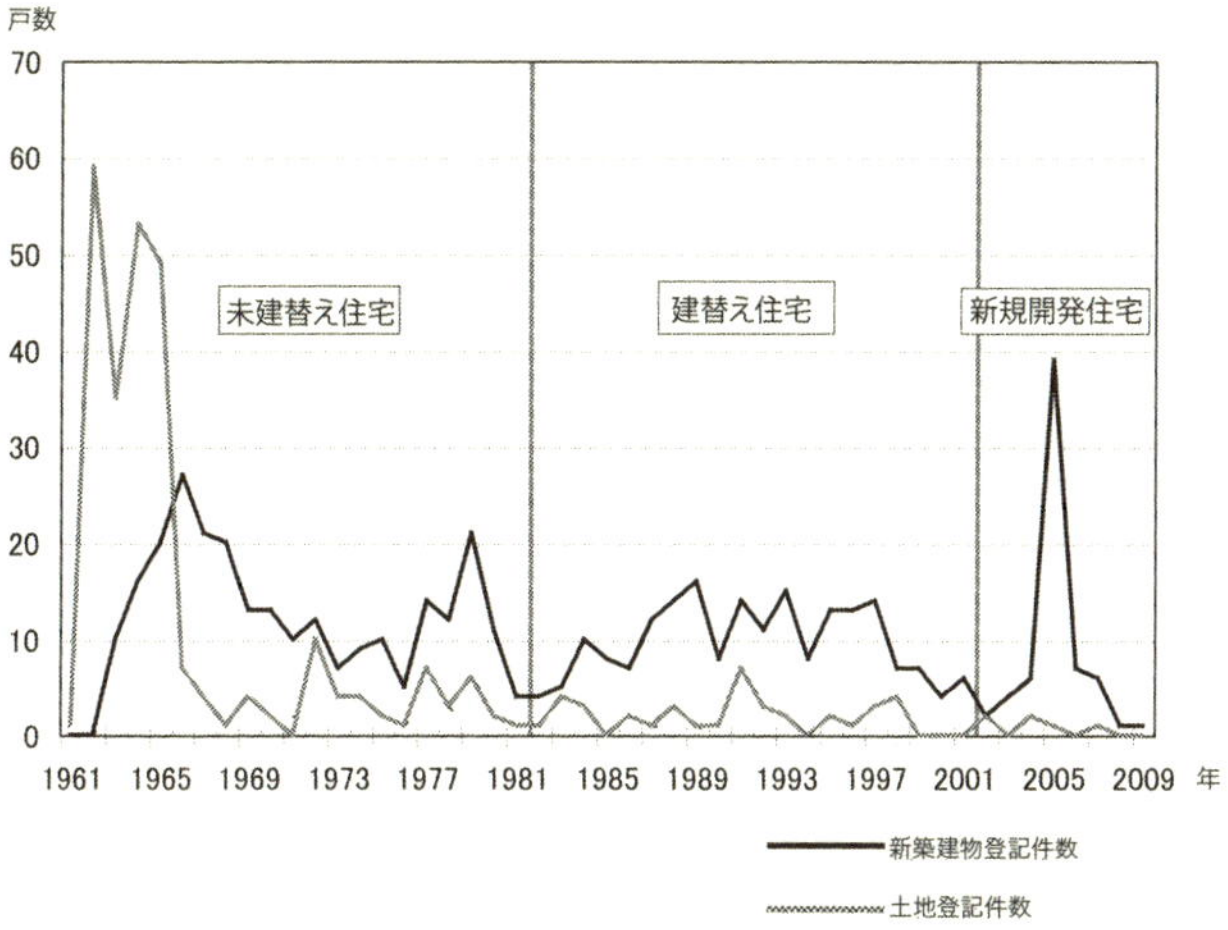

図９　A団地の登記年（作成：首都大学東京饗庭研究室 小倉翠）

いる一方で、建物の登記年は１９６２年以降、現在に至るまでバラバラであることが分かる。これはこの住宅地が土地の上に住宅が建てられた状態で分譲される、いわゆる「建売り」ではなく、土地だけがまず分譲され、購入した人が徐々に建物を建てていったことを意味している。１９７９年の航空写真を確認すると、ほぼ区画の９割に住宅を確認することが出来るので、この頃には住宅の建設が一段落し、以後の登記年の建物は建替えや新規宅地開発であると考えられる。

図9の建物登記年から、住宅を「未建替え住宅」「建替え住宅」「新規開発住宅」の３種に分けその分布を**図10**の地図で見てみよう。ある時期に開発された住宅団地は、一斉に古くなるのではないかという漠然としたイメージがあるが、図を見ると「未建替え」と「建

図 10　A団地の建物の登記年（作成：首都大学東京饗庭研究室 小倉翠）

替え」は見事に混在しており、開発から50年ほど経ったこの地区で分かるのは「ランダムに発生する更新」である。もう少し人口減少が進行すると、こういった団地にも空き家や空き地が徐々に増えて低密化が進むのではないかとも考えられる。低密化はこういったランダムな発生パターンにのって出てくる「スポンジ化」であることが理解できるだろうか。

この地区を歩いてみると斜面地で坂道が多いため高齢期をむかえた人たちにとっては厳しい環境と思われたが、眺望が非常によく、斜面地であることの魅力も大きい。古びた住宅に新しい住宅が混在しているが、景観が混乱しているといった印象はない。大きな住宅はほとんどなく中小規模の住宅が建ち並んでいるが、防災上危険なほど密集しているわけではなく、歩いていても生活の息づかいを感じることができる程よい密度であると感じた。

登記簿のデータから実態を見たが、もう一つ別の課税台帳のデータも入手できたので、大都市郊外の住宅地がどういう状態にあるのか見てみよう。**図11**はA団地が立地するH市の建築の年齢とその数を示したものである。図のつくりとしては、第2章で分析した人口ピラミッドと同じであり、建物の年齢＝建築年を横軸にとり、建物の数を縦軸にとったものである。人口と異なり建物は外部からの転入や転出がないので、一度つくられた建物は取り壊されるまで同じ場所に残る。**図11**にはその年につくられた建物数(着工数)が示してあるが、それぞれの年によってつくられた建物数が大きく異なること、そして古い建物ほど多く取り壊されていることが分かる。H市には二度の建築ラッシュがあり、一度は１９７０年代の初頭、その次はその10年後

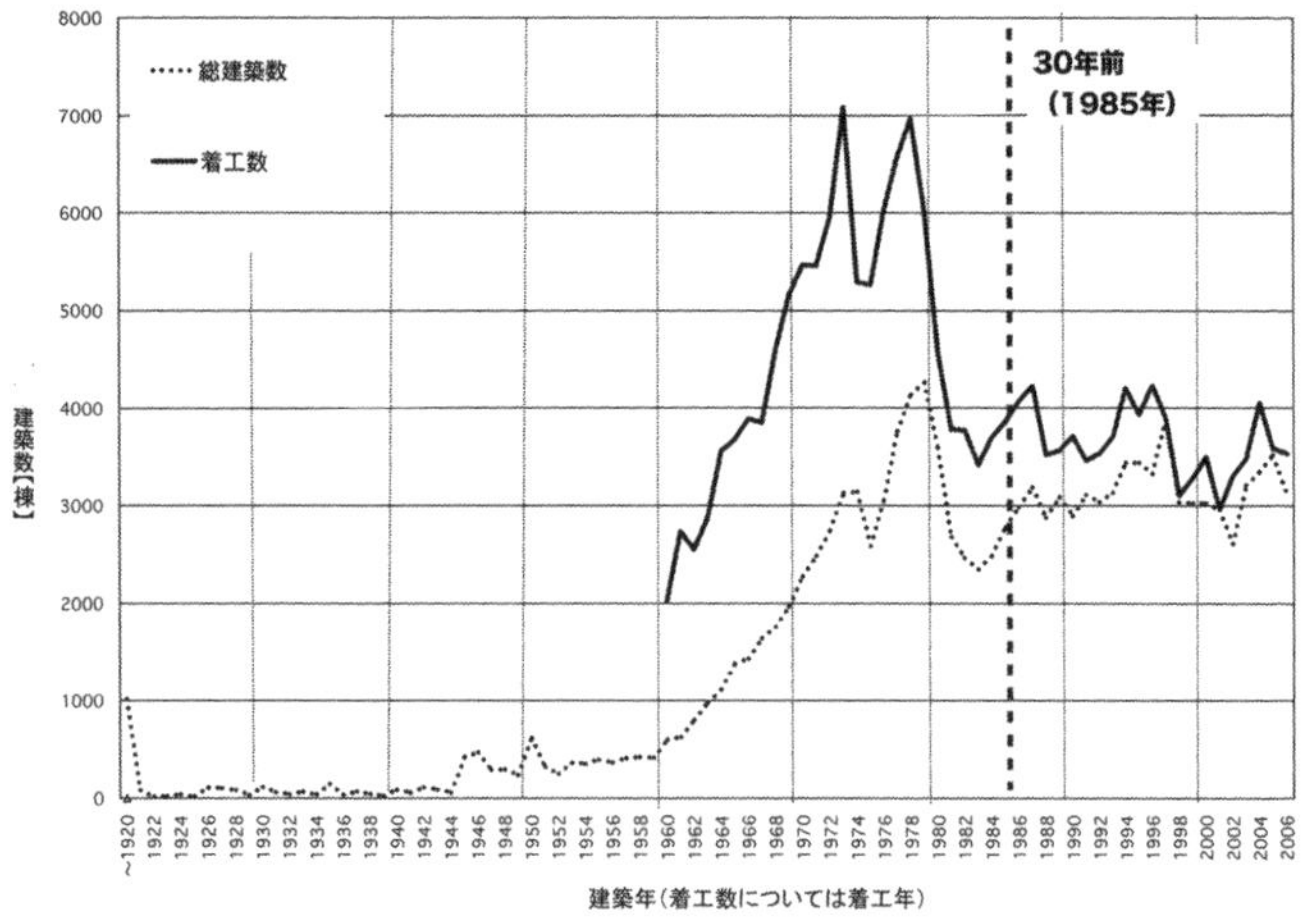

図 11　H市の建築の登記年の構成

の１９８０年前後である。70年代の途中に一度落ち込むのはオイルショックによるものである。80年代以降は、大きなピークを迎えること無く継続的に毎年４０００棟ほどの建物がつくられ、バブル崩壊後は年間で３０００棟ほどに落ち込み、２０００年以降の都市再生の時代にもその落ち込みが回復していないことがわかる。これは２０００年代には東京の都心の地価が相対的に下落し、新規の住宅開発が都心に集中したからである。

図11には現在から30年前のところに一本の補助線が入れてある。感覚的な線であるが、「新築から30年以上が経ち、建設にかかる負債（ローン）を返し終わった線」という意味を持つ。もちろん、ローンの年数は人により様々であるし、中古住宅を購入した場合はその購入時点からローンが発生するし、土地と建物に対して別々

にローンを組んでいるケースもあるだろう。そのためあくまでも感覚的な線引きではあるが、単純化すると、この線の左側にある建物が、負債を返し終わった状態の不動産、つまり経済成長のエンジンとしての役割を終えて脱市場化した不動産、右側にある建物がまだ経済成長に組み込まれている不動産である。第1章の言葉に置き換えると、線の右側の不動産を所有している人たちは、自身の不動産を通じて市場に参加している人たち、線の左側の不動産を所有している人たちは、市場から退場して、もう都市をつくること、経済を成長させることを自分の目的にしなくともよい人たちである。

こうしてみると、H市の建築数のピークが、補助線の左側に移りつつあり、大都市の郊外が徐々に不動産の市場から退場しつつあることがわかる。経済成長のエンジンとして使われ、市場の中で役割を果たした不動産がその機能を終え、個人に所有されている状態に至った脱市場化段階である。そして、A団地の地図で古い建物と新しい建物の混在状況を示したとおり、大都市郊外の住宅地の中に脱市場化に至った住宅と、そうではない住宅が隣接して混在している。スポンジ化で起きることは、単なる空間の疎密化ではなく、不動産市場と様々な距離を持つ土地が小さな単位で混在するということである。

スポンジ化の持つ可能性

スプロールもスポンジ化も、都市計画の世界では、「失敗である」と考えられてきた空間である。

現時点でも、まだ失敗と考えている人も少なくない。大都市の超郊外では住宅と自然と農地が入り交じり、大都市の郊外や地方都市の中心部の内部では不動産市場と様々な距離を持つ土地が小さな単位で混在している。これらは一見すると混乱した状況にも見えるが、私たちはこの空間とつきあっていかなくてはいけない。なぜならば、第2章で述べたように、都市空間の全体を変えるような前線はもう発生しないからである。一度市場から抜けた土地や住宅の多くは、もう二度と市場に入ってこない。そこに2000万円、3000万円のお金をかけて空間をつくる人がいなくなる。東京の都心などの限定的な空間においては、都市はまだ劇的に変化する可能性があるが、東京でも山手線の外に出て、山手通り（環状6号線）や環状7号線を越えたあたりから、スポンジ化した空間とつきあっていかなくてはいけない土地が広がり始める。

第1章では「都市は様々なスタイルを持つ人たちが混在することが可能で、人々が自由に4つのスタイル間のシフトチェンジが可能であり、多くの人の多元化した目的を多元的に実現することが可能な空間であるべき」と述べた。貨幣との様々な距離を持った、目的の多様化、多元化である。第3章でここまで述べてきた、脱市場化を前提とした、超小規模化、多方向化、場所のランダム化、不可視化といった特徴を持つスポンジ化する私たちの都市空間に、この考え方はどうフィットするのだろうか。空間にどのような強みがあるのかを考えていこう。

①スポンジ化と脱市場化

日本の都市空間は都市成長の過程において、人々が自身の労働空間と交換して手に入れた空間である。その中にある多くの空間が、都市成長時に抱えた負債を返し終わって、少しずつ脱市場化しつつあり、貨幣経済と様々な距離を持つ土地が混在している都市空間となっている。全てが脱市場化したわけではない。市場化された空間と脱市場化した空間の混在が広く均等にあらわれていることが特徴であり、例えばつくられてから40年が経って脱市場化した建物の隣には新築されたばかりで市場化された空間があるという状況にある。この混在の強みは、市場と様々な距離を持つ人が、自分の場所に住むことが出来、異なる距離を持つ人たちが隣人として暮らす環境があるということだろう。

②用途の混在で何が可能か

スポンジ化する空間には様々な用途の土地が小さな近隣の中に混在していく。用途の混在は都市が拡大する時にも見られたが、スポンジ化には「超小規模化」「多方向化」という特徴、つまり小さな単位で住宅が色々な別のものになっていくという特徴があり、住宅と商業と業務と工業といった用途が近隣の中で混在し、さらには都市と農と自然が近隣の中で混在していく。混在は問題を引き起こすこともあるが、一方で混在によって可能になる暮らし方もある。例えば郊外の住宅地に住む人が、少し早起きして近隣の畑で農業を行い、シャワーを浴びてから近所のオフィスで働き、夜は自宅の隣にある小さなレストランで食事をする、こうしたことが一つの小さな空間の中でコンパクトに実現可能な空間である。駅前などの人が集まる空間に様々な用途が混在していることは都市の利便性やにぎわいを生み出すが、駅前に限らず、あらゆるところで様々な用途が混在するのがスポンジ化である。様々な用途を内部に持つ自律した小さな空間が連続している都市、小さな部分の中に都市の全体が内包される都市が生まれてくるということである。

③スラムの非可視化

どういう都市問題が「これから起きにくいか」というふうに視点を転じてみよう。アメリカの社会学者マイク・デイヴィスが悲観的に描き出したように(8)、世界的に見ると世界中で都市の「スラム」が広がっている。「スラム」とは、よろしくない性能を持った建物が、面的に集積し、悪しきスケールメリット（悪い環境が悪い環境を呼ぶような循環）を持ってしまった状態を言う。日本の都市拡大期では、スラムが発生しなかったことは述べた通りであるが、それは経済成長の果実が多くの人に行き渡ったからであり、その過程で多くの人が土地を持てるような仕掛けをつくって、スラムの基本的な要素の一つでもある「土地の不法的な利用」を顕在化させなかったからである。経済成長の果実があまり得られないこれからの社会ではどうなるのだろうか。

まず、人口増加の圧力が無くなるため、都市に人が押し寄せてスラム化する、という大きな動因は弱くなってしまう。もちろん地方から都市へと人口の流入がしばらくは続くため、移動にともなう貧困は発生するが、それが「面的に集積する」ということは起こりえない。橋本健二は東京の月島の下町的な風景と超高層マンションのコントラストに風景の中の格差を読み取るが、[9]格差がわかりやすく、全ての空間や風景の中に顕在化するわけではない。

既に都市の内部に居住している人たちは、様々な理由で貧困化する。しかしそれは一定の地域で多く発生するわけではなく、空間と同じようにランダムに発生するので、こういった内部から発生する貧困も、面的には集積しない。他の国と比べてみて、社会全体で見れば同じ貧困率であったとしても、一つの土地に貧困者が過度に集中することはなく、スラムが発生しない、見えない、こうした都市になるはずだ。日本には格差がない、貧困者がいない、貧困者に対する対策が少なくてよい、という話ではない。スラムが空間として見えにくくなる、顕在化しないという話である。諸外国で今なお行われている空間的なスラム対策＝スラムクリアランスは必要なく、むしろソフト面でのスラム対策に力を注ぐべきであるということであり、ターゲットが見えにくい分、問題も顕在化しにくく、対策が機動的に行われないという弱点も一方であるだろう。

④やわらかくしぶとい都市

土地や建物が小さい単位で所有され、小さい単位でしか変化していかないということは何を意味しているのだろうか。多数に所有される都市において、そこに住む全ての人たちが同じ目的をもつ可能性は低いため、私たちは都市全体をすぐに大きく変えることはできず、都市全体の構造を変えるような、大きな空間変化を起こしづらい。逆に見方を変えると、私たちが所有する敷地の限りにおいては、私たちは自身の意志によって、自身の目的のためにそれを使うことができる。何人かの「私たち」が集まることによって、複数の敷地をつくりかえることができる。私たちはそれぞれの小さな意志決定によって、空間を変えていく権利を持つ社会を手に入れていると言える。つまり、私たちは一人一人の意志に鋭敏に反応して小さな部分が変わっていく、という意味では「やわらかく」、多数の意志が変わらないことには構造が変わりえない、という意味では「しぶとい」都市を手に入れているわけである。

では、こういった空間、こういった都市をどのようにつくりかえていけばよいのだろうか？次の章ではその技術について掘り下げて考えていきたい。

文献と注

（1）根本祐二『朽ちるインフラ』日本経済新聞出版社、2011年

（2）「スポンジ化」という言葉は、都市計画や建築の専門家の間ではほぼ専門用語として定着しているが、筆者が初めて耳にしたのは2009〜10年頃の大方潤一郎（東京大学）の発言であったと記憶している。

（3）夕張市は2007年に財政破綻し、市内に点在する市営住宅を集約するということを手段とする強制的な都市縮小に取り組んでいる。都市縮小の取り組みのトップランナーと言えなくもないが、かつての炭坑町が

産業構造、エネルギー構造の転換の中で急激に衰退したという特殊な要因があり、市営住宅も多くが炭坑で働く労働者向けの企業社宅（炭坑住宅）を廃鉱にともなって行政が買収したものである。そのため、夕張の取り組みは都市の縮小の一般解ではないことに注意する必要がある。

（4）例えば国土交通省は2005年に「国土審議会　土地政策分科会　低・未利用地対策検討小委員会」を設置して議論を行っている。

（5）2007年10月に首都圏70㎞圏にその市町村域がある市町村のうち、東京都心5区を除く238自治体に都市の縮退の状況とその対応を尋ねるアンケート調査を行い、208自治体（87・4％）から回答を得た。

（6）なお、空き家の厳密な定義は難しく、空き家の実態を正確に調査する方法も確立されていない。方法には、①住民基本台帳と対照させる、②上下水道や電気・ガスの契約情報と対照させる、③目視、④オーナーへの調査、⑤近隣の調査等があり、これらを重ね合わせて実態が明らかにされていることが多い。

（7）住宅・土地統計調査は、総務省統計局が5年ごとに実施する、我が国の住宅とそこに居住する世帯の居住状況、世帯の保有する土地等の実態を把握し、その現状と推移を明らかにする調査である。最新の調査は平成25年に実施されており、その結果は http://www.stat.go.jp/data/jyutaku/index.htm（2015年4月1日に閲覧）にて公開されている。

（8）マイク・デイヴィス『スラムの惑星』明石書店、2010年。（原著：Planet of Slums, 2006）

（9）橋本健二『階級都市』ちくま新書、2011年

第4章　都市をたたむための技術

――コンパクト対スポンジ

「コンパクトシティ」という考え方が、国土交通省や全国の地方自治体で、次代の都市計画を検討する時のキーワードとなっている。様々な報告書に「コンパクトシティ」という言葉が踊り、新聞等でもその言葉を見る機会が増えてきた。「徒歩による移動性を重視し、様々な機能が比較的小さなエリアに高密に詰まっている都市形態」という意味である。２０１４年には国によって「立地適正化計画」というコンパクトシティを実現する計画制度が創出され、それを使いこなす手引書も刊行された(1)。

第3章で整理したとおり、日本の都市はだらだらと広がって来た。人口減少時代において、広がりきった都市を再編してコンパクトにしていく、というコンパクトシティは、理にかなった考え方のように思われる。しかし、第3章で整理したことを正確に思い出してほしい。都市は個人によって所有され、そのために人口減少時代においては、スポンジ化という、超小規模化、多方向化、場所のランダム化、不可視化という特徴を持った空間変化が起きる。例えば中心部に住んでいる人にも、外縁部に住んでいる人にも、等しくスポンジ化の契機はやってくる。ある人は、ちょうど退職のタイミングを迎えて、都市の中心部に移ろうと思っているかもしれない。しかしある人は、子ども世帯を呼び寄せて孫と同居しようと思っているかもしれない。全体としてランダムに意志決定がされるのがスポンジ化である。

こうした様々な動機を持つ人たちに対して、「コンパクトシティ」の政策は何をするのだろうか。「様々な機能が比較的小さなエリアに高密に詰まっている都市形態」を目指すためには、居住地も集約化、高密化しなくてはならない。都心に高層住宅が建ってそこに集まって住むイメージである。普通の人たちの全員が集約化、高密化を目指して個々に移動することはありえないので、コンパクトシティを実現するためには、例えば外縁部に住んでいる人たちに行政の職員が「動いてほしい」とお願いしに行くことになる。また、中心部に住んでいる人たちに行政の職員が「高い建物に建替えてほしい」とお願いしに行くことになる。そして代償として、その人たちに新しい土地を与えたり、開発のための規制を緩和したり、移動のためのコストを負担しなくてはいけなくなる。

こうした政策は、基本的には税で賄われることになるが、では、普通の人たちは、外縁部の住宅を1軒動かすためにかかる費用を、果たして社会で負担しようと考えるだろうか。それほどまで「コンパクトシティ」は社会の動機になりうるのだろうか。

そこにはほとんど実現性がない。コンパクトシティは理論的には正しいように思うけれど、実際に具体的な政策に落とし込んだ時に、特に人々をある土地から別の土地に動かすことと考えたとたんに、そこに膨大なコストがかかることは明らかであり、実現性を失ってしまう。第1章で整理した、日本の社会が都市を成長する時に使ってきた無意識のメカニズムにあっていないような気がするし、土地がスポンジ化するというこれからの傾向に対しても無理な考えを押し付けているように思われる。

何がどう無理なのか、もう少し掘り下げて考えてみたい。

一つは、コンパクトシティが、人々の「再びの移動」を促すことの無駄である。人口が移動したての、新しく来た人ばかりの都市では、必然的に人と人の横のつながりが弱くなる。戦後の都市をつくった外から移動して来た人口は、何十年もかけて、小学校や地域活動といった機会をつかって、「コミュニティ」と呼ばれる人と人の横のつながりをつくりだしてきた。そして、コンパクトシティを目指して人々を再び動かすということは、せっかく出来上がったこういったコミュニティをもう一度解体し、組み立て直すことを意味する。コミュニティは貨幣を媒介とせずに沢山の事を解決することができる。子ども同士を預け合う関係から高齢者同士が助け合う関係も出来る。それを再び壊してしまうことは、結果的にはもう一度高いコストを払うことにつながるのではないかと懸念される。

もう一つは、無理に人口を移動させることによって、そこに再び貨幣が登場するのではないか、という懸念である。第1章で述べた通り、貨幣は再配分や交換の速度を速くするために使われる。コンパクトシティを旗印に、中心部に高層の住宅を建てて分譲するといったことは、不動産市場の維持にはつながるだろうが、それを購入した人たちを再び市場に投入することを意味する。彼らはまた、住宅ローンを媒介として市場に縛り付けられ、負債を返すために自身の労働時間を延々と都市をつくることに費やすことになる。やっと都市に対する負債を返し終え、都市が多くの人々が所有した状態になり、様々な目的のために都市を使っていこう、という状態に水をさすことにもなるし、何と言っても、第1章で述べたとおり貨幣だけで媒介されている市場とつながった状態にあることは危険なのである。

一方で、コンパクトシティの利点もある。インフラストラクチャーの建設と維持管理の視点だけで見ると、コンパクトな都市は効率的であるし、環境に対する負荷が小さいことも間違いない。普通の人々にとっては「スポンジ」よりも「コンパクトシティ」のほうが分かりやすい空間像であるし、環境に対する負荷が小さいということは、人々の共感を集めやすい。

もし、例えば日本の社会が「これから都市をつくる」というタイミングであれば、コンパクトシティは多くの人々の賛同を集める空間像であろう。しかし、既に出来上がってしまった都市を改善しながらコンパクトシティを実現しようとすると、そのために貨幣を媒介とした集中的な再配分や交換が必要になる。集中的な再配分や交換が成立する地域は、日本の中ではごく限られており、すでにある都市の再編成にはコンパクトシティは使えない。

筆者自身は、長期的にはコンパクトシティを実現すべきだが、短期的な実現は不可能である。そのため、短期的にはスポンジ化の構造を活かしたかたちで都市空間をつくり、公共投資を介在させない方法で長期間をかけてコンパクトシティを実現するべき、という立場を取る。つまり、目標像は同じだが、そこに至るプロセス、時間を丁寧にデザインするべき、ということだ。日本の住宅は平均的に30年程度で建替えられると言われている。これは人口増加時代の経験値であるから、公共が出来るだけ手をかけずに民間の建築行為だけで都市が縮小するには、30年以上はかかるということだ。現在25歳の人が定年近くになってやっと実現する都市であり、そんな先の都市をデザインすることだけではなく、目の前にある生活空間を生活時間のサイクルにそって丁寧にデザインしていくことが重要であるのは言うまでもない。第1章の言葉を繰り返せば、それぞれの内的な力にしたがって、それぞれの目的にあわせて、どうスポンジ化していく都市を使っていくか、を考えることが重要なのである。

都市計画の3つの手法とマスタープラン

では、このように空間をコントロールするときに、都市計画はどのように変化していくべきなのだろうか。

まず、人口増加時代における都市計画の手法を整理しておこう。

都市計画の仕組みの基本は、公共の利益のために、政府が人々が持っている土地を使うことができる、ということにある。つまり、誰かが持っている土地に、みんなのための都市空間をつくる時、政府は誰かの土地を使うことができる。これが都市計画の本質である。

それを実現するにはいくつかのやり方がある。1つ目は政府が権力によって土地を取り上げてしまうこと、2つ目は政府がお金を出して買い上げて自分でつくってしまうこと、3つ目は誰かに都市空間をつくらせてしまうこと、4つ目は誰かと政府で協力して都市空間をつくることである。1つ目の土地を取り上げることが出来る権利を専門用語で「土地収用権」と言い、都市計画は土地収用権を行使出来ることに大きな意味がある。そして実際の都市計画はこの「土地収用権」を片手に持ちつつ、2つ目、3つ目、4つ目の手法を組み合わせて実現されている。つまり、政府が片手に権力をちらつかせつつ、協力をよびかけたり、お願いをしたり、自分で買い上げたりしながら実現するのが都市計画である。土地収用は伝家の宝刀のようなものなので乱用されることはないが、強制的に行われることはある。

2つ目、3つ目、4つ目に対応する具体的な手法が「都市施設」「土地利用規制」「都市開発事業」と呼ばれる3つの手法である（図1）。都市施設は道路や公園を直接的に建設するもの、土地利用規制は、土地にルールを指定してそこに建つ建物の用途や大きさをコントロールするもの、都市開発事業は土地の持ち主や民間企業と協力して道路や建物を含む都市を面的につくるというものである。この3つの手法の組み合わせで都市計画が実現されることになる。第1章では、都市計画は2つのこと、政府が中心となった財の再配分と民間と民間による財の交換への規制しか行っていない、と述べたが、「都市施設」は前者の、「土地利用規制」は後者の手法であり、「都市開発事業」は両者の混合である。

歴史的にみると、近代都市計画のスタートである1888年の東京市区改正条例は、道路と下水道の整備を行うことが主眼であった。つまり最初の都市計画は、3つの手法のうちの「都市施設」だけが実現手段であった。そして、その後30年かけて「土地利用規制」と「都市開発事業」が加わり、3つの手法の体系が1919年の都市計画法の制定にあわせて確立する。その後、例えば土地利用規制の要である用途地域が4種類から12種類に増える、容積率制度が1968年に加わる、都市開発事業の主要である土地区画整理事業が発達する……といったかたちで3つの手法はそれぞれ充実化していき、現在の日本の都市計画制度を組み立てている。

日本の人口は都市計画法がスタートした1919年の5500万人から100年で倍になった。増え続ける人口、広がり続ける都市の圧力を受けて、3つの手法は都市空間をつくりつづける。ここで注意しなくてはならないのは、都市空間は3つの手法の単純な足し算でつくられていった、ということである。例えば道路はもとの都市を切り裂くように直線的に整備され、切り取られた残りの部分には配慮しない。用途地域は大雑把に土地の用途と敷地毎の建物のボリュームを規定するだけで、空間を詳細にコントロールするわけではない。区画整理事業は道路と敷地の形だけを決定して、その上に建つ建物には無頓着である。3つの手法は齟齬がないように調整されてはいたが、都市の拡大のスピードにあわせて都市を急いでつくるために、それぞれは粗っぽく計画された。そしてそれは結果的に、都市成長の勢いをそぐことなく、力をうまく捌いて都市空間をつくり上げたのである。

こうした粗っぽさを改善しようとする取り組みが、「マスタープラン」である（図2）。3つの手法の単純な足し算ではなく、より詳細に、具体的に都市の設計図を描き、その実現のために3つの手法を用いよう、つまり、都市計画の3つの手法の上位にマスタープランをおき、マスタープランに基づいて手法を組み立てていこう、という考え方である。歴史的にみると、我が国では「マスタープラン」の制度は、3つの手法が発達したあとに導入が模索されることになる。フィラデルフィアのマスタープラン（1960年）には、小さな公園から小学校まで全ての施設が書き込まれている。[2] こういった詳細な計画に基づいて都市を計画的につくっていこう、という理性的な考え方がその根拠であり、その背景には計画的な社会の運営を目指した社会主義がある。

しかし日本の都市計画は、マスタープランの導入に四苦八苦することになる。[3] それは、社会主義的な政治経済体制がとられなかったこともあるが、計画を立てられないほどのスピードで人口が都市に集中し、現実が常に計画を追い越し続けたからである。マスタープランの導入は1960年代から議論が始まり、その後にあちこちで実験的な取り組みが進む。しかし正式に都市計画の中にマスタープランが組み込まれたのは、実に1992年のことである。つまり1919年に誕生した3つの手法が、70年近くかけて都市を粗っぽくつくりきったころに、マス

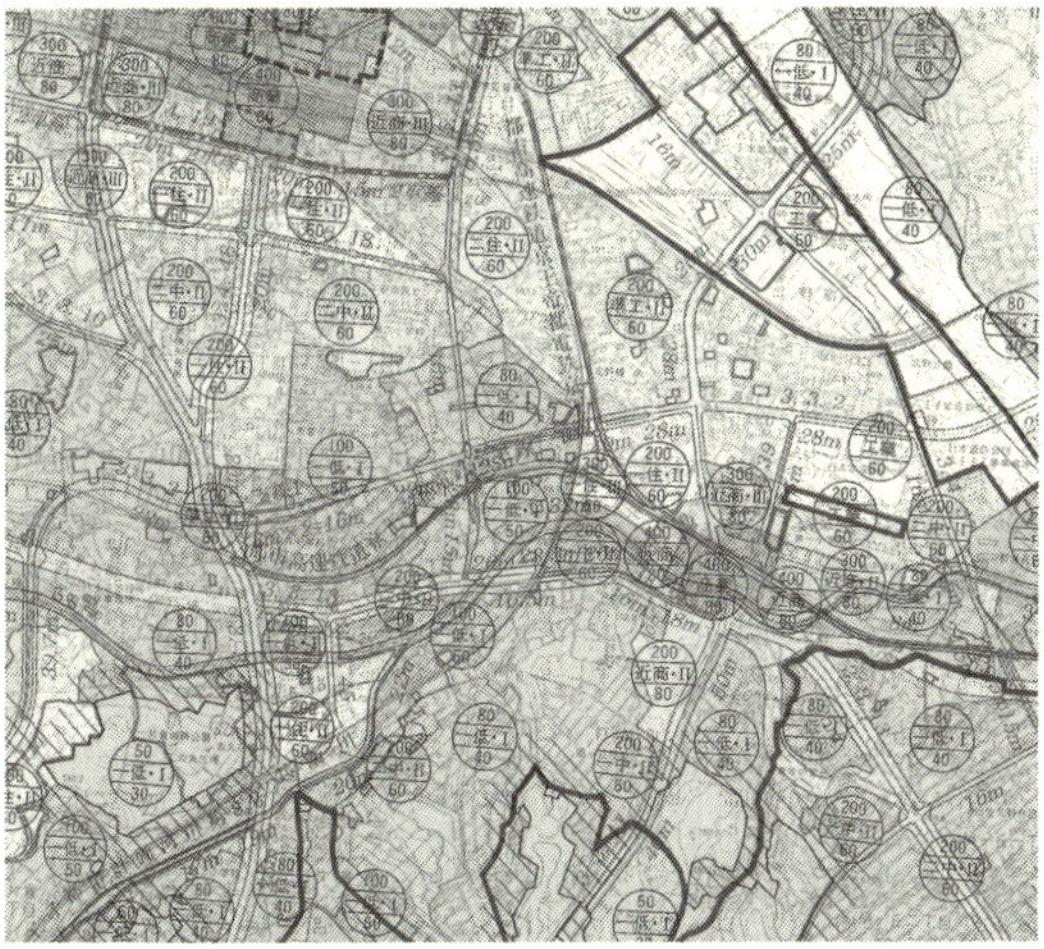

図1　都市計画の３つの手法をまとめた「都市計画図」（八王子の例）

図2　都市計画のマスタープラン（八王子の例）。マスタープランを目的として図1の都市計画を実施するという関係にある

タープランは導入されたのである。

その間に、3つの手法は、それぞれを支える専門家や補助金、膨大な技術的な基準、財政的な制度などを発達させた。1992年のマスタープラン制度は、巨大化・複雑化した3つの手法を統合するものとして期待されたが、3つの手法はあまりにも強固であり、マスタープラン制度はそこに風穴すら開けることは出来なかった。

このように、日本の近代都市計画は粗っぽい3つの手法を使って、人口増と都市拡大を乱暴に捌くことはできた。しかし、マスタープランを片手に丁寧に捌くことが出来なかったし、現在も出来ていない。都市施設や用途地域といった手段ありきで都市計画が構想され、マスタープランが形骸化しているということであり、手段が目的の先に立つ本末転倒の形で常に都市計画が運営されているということだ。これが日本の近代都市計画の到達点であり、「計画」というものを大事に考える都市計画の専門家たちにとってみれば、日本の都市計画は我慢ならない、失敗と妥協の産物なのである。

――都市拡大期の都市計画

では次に、これら3つの手法が描き込まれた「都市計画図」を見ながら、都市拡大期の都市計画が目指していた空間像を考えていきたい。
図3は東京郊外の八王子市の都市計画図のうち「土地利用規制」を白黒にトレースしたもの

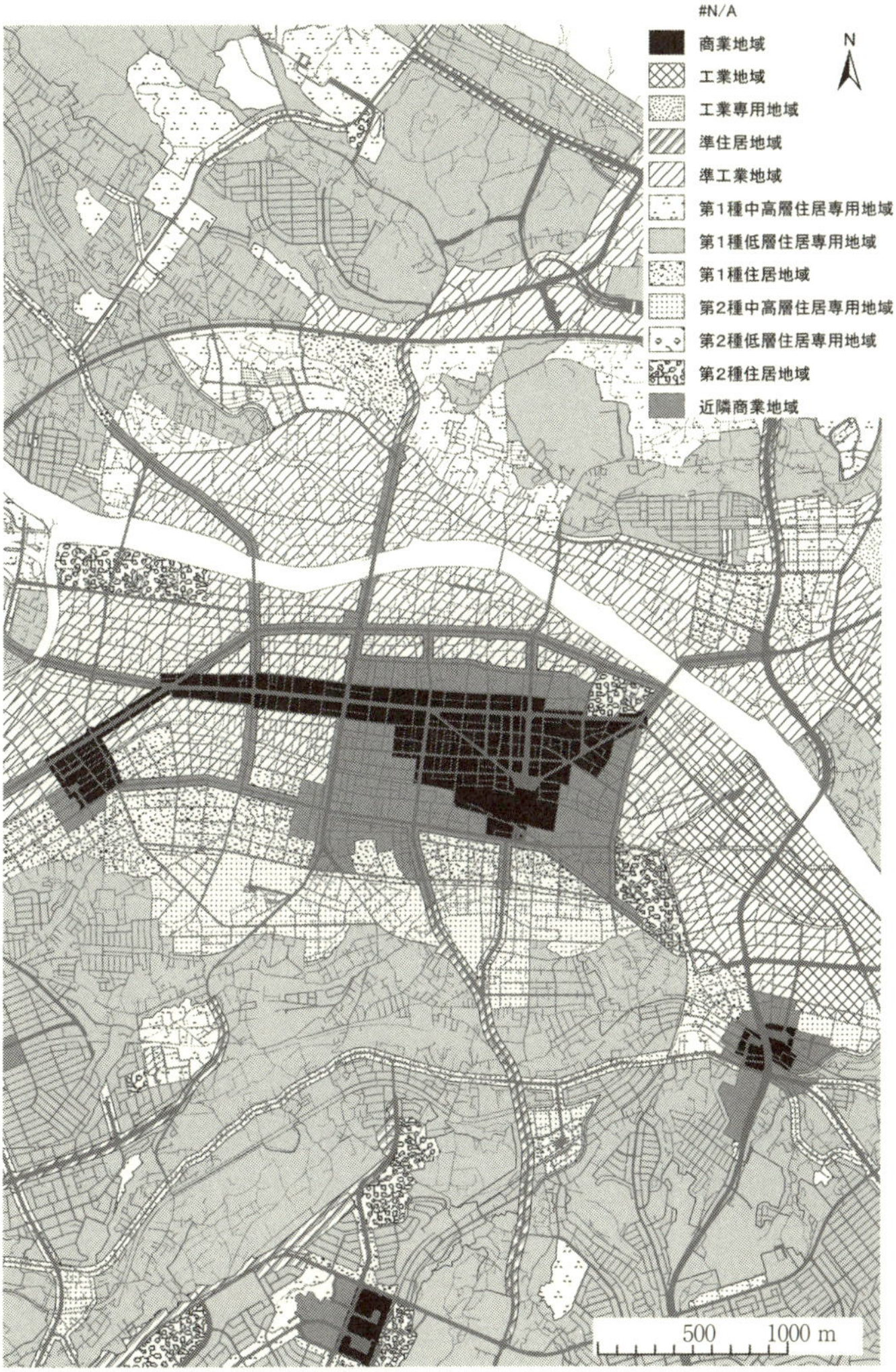

図3　都市計画図（八王子市の例）

である。本来は様々な色で塗り分けられているので少し分かりにくいが、12種類の「用途地域」と呼ばれる地域が指定されている状況を示した。

いくつかのポイントを読み取りながら、都市拡大期の都市計画がどういう空間モデルを前提としているのかを考えていく。

①ゾーンに区切って考える

用途地域は、人々が持っている土地に対して、そこに建ててよい建物の用途と、建物の大きさを指定するものである。建物の用途は工業系、商業系、住居系の3種類があり、細かくは12種類に分かれている。この用途地域の指定の仕方にまず注目してみたい。

図3で工業専用地域は都市の中の一部分に固められている。このように用途地域は、大きく都市をゾーンに区切って指定されることに特徴がある。その背景には、土地の用途が混在しないように土地を使い分けるという「用途純化」の考え方がある。

都市の土地には大きく分けると2つの土地、産業のために使う土地と生活のために使う土地がある。産業はさらに3種類、農業や漁業等の第一次産業、工業等の第二次産業、商業等の第三次産業がある。産業が無いと人々は食べていくことが出来ないので、産業のための土地と生活のための土地は必ず対になって都市の中に存在する。「用途純化」はこれらを領域で分けていこう、という考え方である。なぜ用途純化がよしとされるのか、それはそもそも欧米で19世

	指定すべき区域	規模
第１種低層住居専用地域	低層住宅に係る良好な住居の環境を保護するため定める地域	おおむね 5ha 以上
第２種低層住居専用地域	主として低層住宅に係る良好な住居の環境を保護するため定める地域	おおむね 1ha 以上
第１種中高層住居専用地域	中高層住宅に係る良好な住居の環境を保護するため定める地域	おおむね 3ha 以上
第２種中高層住居専用地域	主として中高層住宅に係る良好な住居の環境を保護するため定める地域	おおむね 3ha 以上
第１種住居地域	住居の環境を保護するため定める地域	おおむね 3ha 以上
第２種住居地域	主として住居の環境を保護するため定める地域	おおむね 3ha 以上
準住居地域	道路の沿道としての地域の特性にふさわしい業務の利便の増進を図りつつ、これと調和した住居の環境を保護するため定める地域	おおむね 1ha 以上
近隣商業地域	近隣の住宅地の住民に対する日用品の供給を行うことを主たる内容とする商業その他の業務の利便を増進するため定める地域	おおむね 0.5ha 以上
商業地域	主として商業その他の業務の利便を増進するため定める区域	おおむね 0.5ha 以上
準工業地域	主として、環境の悪化をもたらすおそれのない工業の利便を増進するために定める地域	おおむね 5ha 以上
工業地域	主として工業の利便を増進するため定める地域	おおむね 5ha 以上

表１　用途地域の指定基準。東京都「用途地域等に関する指定方針及び指定基準」（2012）より筆者作成

紀に生まれた近代都市計画が、土地利用の混在と過密による問題の解決のために生まれたからである。当時は急速に工業化が進み、工場と住宅が過密に集積した都市が誕生し、そこに様々な問題が生まれた。こうした問題に対応するために、都市と農村＝第一次産業を分け、都市の内部を大きな単位でゾーンにわけ、そこに工業地＝第二次産業、商業地＝第三次産業、住宅地を分けてつくっていくことが近代都市計画の基本的な考え方となったのである。

日本の都市計画制度では都市と農村は市街化区域と市街化調整区域という、たった一本の線で大雑把にゾーン分けされる。都市の内部は残る工業地、商業地、住宅地を比率を変えて組み合わせた12種類の用途地域で分けられるが、これも大きな単位で分けられる。例えば東京都の用途地域の指定基準を見ると（表1）、商業系のゾーンは0・5ha以上とそれほど大きくはないものの、住宅系は多くが3ha以上、工業系は5ha以上と、一つ一つの地域を大きなゾーンに区切って土地の用途を混在させないことが都市拡大期の都市計画の前提とする空間像である。

②中心を意識する

次に都市の建物の大きさの指定をみてみよう。建物の大きさは用途地域とあわせて「容積率」という数値で規制される。我が国では建物の大きさはもともとは建物の高さで規制されていたが、1960年代の終わりにこの容積率という規制方法が導入される。容積率とは、土地の大きさに対して、つくってもよい建物の大きさを割合で示したもので、例えば100㎡の土地に100%の容積率が指定されていたら、そこには100㎡までの建物を建てることができ、200%の容積率が指定されていたら、そこには200㎡までの建物を建てることができる。この容積率の指定の仕方に注目してみよう。

容積率がどのように指定されているのかを示した図4を見ると、山頂から裾野にかけて高さがゆっくりと低くなっていくように、鉄道駅等がある都市の中心部では高い数値が、中心から離れていくと低い数値が指定されていることがわかる。この「中心に建物が集積し、周辺にな

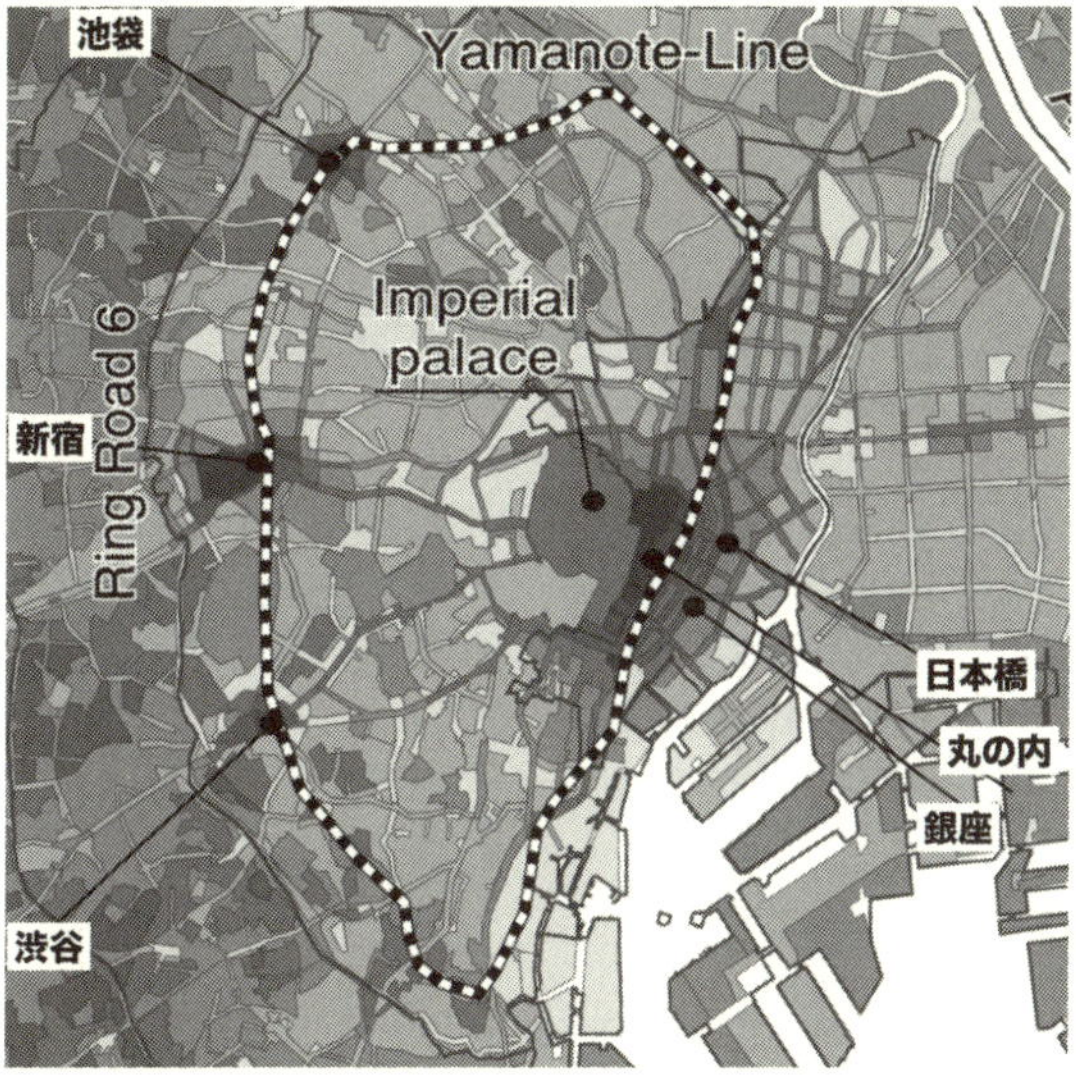

図４　容積率の指定の実態（1973 年に指定された東京 23 区の容積率）
濃い色が高い容積率の指定であり、丸の内、新宿、池袋、渋谷といった都心、副都心を中心に高い容積率が指定されていることがわかる
（作成：首都大学東京饗庭研究室 合木純治）

るにつれて低密になっていく」という考え方は、俗に「富士山型」と呼ばれる指定の仕方で、容積率指定の基本になる考え方である。この空間モデルは多くの人にとってそれほど抵抗がないものだろう。商業の空間は人々が多く集まるところに発生し、人々はなるべく便利なところに住みたがる。近代以前の日本の都市には必ず中心があり、都市計画はそれを強化するように中心と周辺を明確に意識して容積率を指定したのである。この「中心を意識する」ということも都市拡大期の都市計画が前提としていた空間モデルの大きな特徴である。

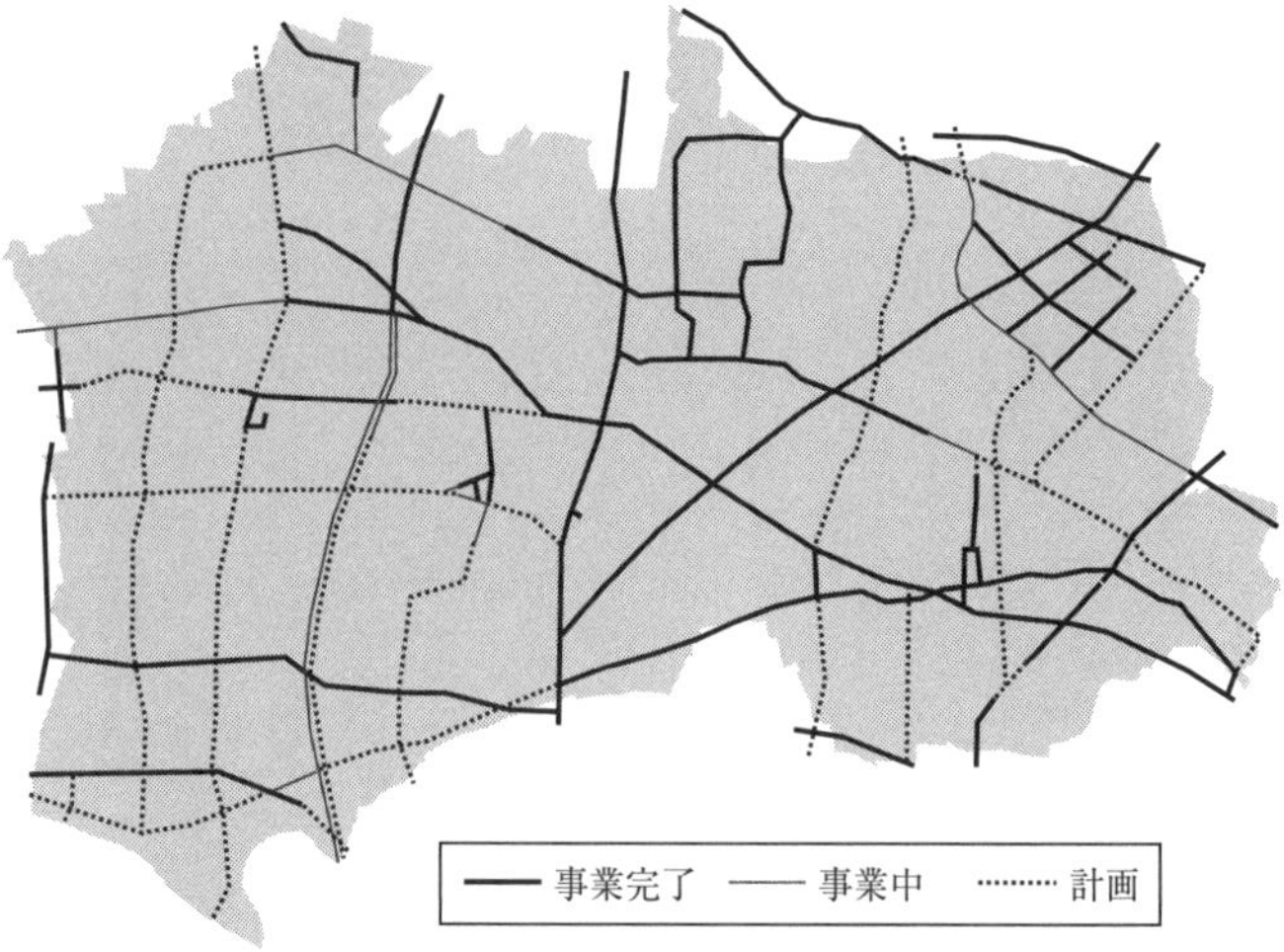

図５　都市計画道路の整備実績（東京都練馬区の例）

③とりあえず線を引く

次に道路の形を見てみよう。図５には一例として東京都練馬区の都市計画道路のうち、完成した道路が実線で、計画だけが立てられて未完成の道路が点線で示されている。

まず目につくのは、未完成の道路の多さだろう。都市計画はあくまでも「計画」であるので、都市計画図にはつくりたい道路が全て示されている。道路をつくるためには、そこの土地を一つ一つ買収していかなくてはならないが、全ての道路を同時につくるには莫大な資金が必要である。しかし、都市計画がそれだけの財源を短期間で得ることは難しい。結果的に、計画の中で優先順位をつけて、必要性が高かったり、つくりやすいところから道路はつくられることになる。人々が持っている土地に、後から道路の計画を立てると反対されることもあるので、道路を計画する時は、出来るだけ先の計画までをつくってしまうし、一度立てられた計画を変えることはなかなか難しい。図に未完成の点線が多い理由はこのようなことであり、その結果として「何十年も前に計画された道路が未だに出来ていない」という状況が生み出されることになる。常に未完成の理想的な計画を追いかけているが決して完成することがない、ということの状況は、チルチルとミチルが追いかけた「幸せの青い鳥」のようなものである。

なお、都市施設には道路のほか、公園緑地や河川も含まれる。河川は自然地形に大きく規定される。公園緑地はネットワークでつながっていなくてはならない道路ほどはそれぞれの立地の自由度は低くないが、やはり大胆に計画される。そして、お金が無いのですぐには理想が実現できない青い鳥型であることは共通している。

大きく描かれた「青い鳥」は理想的な形をしている。その町の現在の構造を無視したような、一見すると大雑把な幾何学的な道路の計画がいくつもあるが、これは当時の都市計画の専門家たちが、まだ見ぬ人口が居住するであろう土地に対して、その想像力をはたらかせながら、理想的な計画を大胆に立案したからである。当時の都市計画家達が大雑把に仕事をしたわけではない。手がかりの少ないまっさらな土地に対して、彼らはその想像力を科学的にしかはたらかせることが出来なかった、と言ったほうが正解だろう。

なお、都市計画によって都市施設が計画されている土地には「都市計画制限」とよばれる規

写真１　都市計画道路によって都市計画制限のかかっている街並み

制がかかり、土地の所有者が建物を自由に建てることが制限される。具体的には、そこに建てられる建物の構造の材料（木造や一部の鉄骨造）と階数（３階建てまで）が制限される。これは、計画が実現する時に、建物を壊しやすいように、という配慮が理由である。都心などで**写真１**のような街並みを見たことはないだろうか。ブーツの形のように道路沿いは低く、後が高い街並みである。これは都市計画道路がいつ整備されてもよいように、都市計画道路の計画があるところだけ３階建ての建物になっているからだ。この写真の道路計画の決定は１９４６年であり、その以後70年間にわたって、この街の「成長したい」という欲望を粗っぽく制御してきたのである。

④大きく面と点を開発する

最後に都市開発事業に目を向けてみよう。一例として**表２**には八王子市において行われた都市開発事業が示してある。都市開発事業には７種類の事業があるが[4]、使われない事業も多く、

	箇所数	面積 (ha)	事業あたりの規模 (ha)	備考
土地区画整理事業	39	1,921.80	1.1〜394.3	完了地区のみ
市街地再開発事業	3	3.5	0.7, 0.8, 2.0	
新住宅市街地開発事業	1	910.8		

八王子の都市計画（八王子市・2013年3月）より筆者作成

表2　八王子の都市開発事業

八王子では土地区画整理事業と市街地再開発事業と新住宅市街地開発事業が行われている。この都市は空襲にあっているため、被害を受けた駅の周辺に戦災復興の区画整理事業が行われている。空襲は全国の主要な都市で行われたので、中心部に区画整理事業が行われている都市は多くある。しかし、その外側の全てが区画整理事業で出来上がったわけではなく、区画整理事業でつくられたところもあれば、民間の開発事業でつくられたところもある。市街地再開発事業は拠点性を高める手法であるため、駅の周辺等の中心部にポイント的に行われている。

ここで見ておきたいのは都市開発事業の規模である。都市空間を所有している個人の土地の大きさに比べると、都市開発事業の規模は大きい。これは、都市開発事業は都市計画として行われるものであるので、限られた少数の個人ではなく、広い範囲に受益者がいること、つまり公益性がその前提となるからだ。一つ一つの土地を少しずつ開発することには公益性がなく、まとまった大きな土地を開発し、多数が使える大きな都市空間をつくることに公益性がある。都市拡大期には、多くの人に都市に入ってもらうために、大きな都市空間をつくる必要があり、そこに公益性があった。都市開発事業には都市拡大期の都市計画の持つ性質がはっきりあらわれるのである。

中心×ゾーニングモデル

ここまで指摘してきた「ゾーンに区切って考える」「中心を意識する」「とりあえず線を引く」「大きく面と点を開発する」という都市拡大期の都市計画の4つの特徴は、どれも当たり前のように聞こえるだろう。だが、都市縮小期の都市計画においては、この「当たり前」を疑っていかなくてはならない。この当たり前の、都市拡大期の都市計画が前提としていた空間の捉え方——それを「空間モデル」と呼ぶ——を定義してみよう。

都市拡大期には、都市には中心があり、外側に向けて大きくなっていくと考えられていた。そして都市計画は、中心から外側にむけて、商業地や工業地や住宅地のゾーンを決め、出来るだけ遠い未来を考えて理想的な都市施設の計画を立て、大規模な開発計画を立て、いつか完成することを夢見て時間をかけて一つ一つ実現していく。この「中心」と「外側」の関係をはっきりと意識し、中心から外側にむけてゾーンをつくりながら平面的に大きな単位で都市を拡げていくという空間モデルが、都市拡大期の空間モデルである。

それをここでは「中心×ゾーニングモデル」と呼ぶことにしたい。この空間モデルが都市計画の無意識の前提となって3つの手法が組み立てられ、その3つの手法の合算の結果として、粗い解像度を持つ都市空間が出来た。このモデルの限界はどこにあり、都市縮小期の都市計画はどのようなモデルのもとで実行されるべきなのだろうか。

中心×ゾーニングモデルは都市を区域にわけ、それぞれに商業、工業、農業の3つの産業と住宅の機能をあてはめていく。第一に露呈しているその限界は、4つの機能の変化に対して、空間の役割と使い方を平面的、かつ固定的に捉えていることにある。一つ一つ見ていこう。

商業機能の形態は近代都市計画を考えた人たちの想像をはるかに凌駕するスピードで変化した。近代都市計画で考える商業地は、百貨店が鎮座し、その周辺に飲食店、書店、八百屋……といった日用品を売る小さな専門商店が面的に、あるいは線的に集積している、というイメージであり、商業のゾーンはこういったものの集積を目指すものとして指定された。しかし、日本では1950年代に産声をあげた「スーパーマーケット」がその形態をじわじわと破壊し、その後に「カテゴリーキラー」と呼ばれる、衣服やDIY用品、家具等の特定の商品に特化した大規模な専門店が発達し、それが郊外や都市の周縁部に立地することによって伝統的な商業のゾーンを破壊する。さらに巨大なスーパーマーケットと大量の専門店からなる「モール」という形態が発達し、都市の内部では小規模なスーパーマーケットであるコンビニエンスストアが発達する。こうした商業形態のめまぐるしい進化に対して、近代都市計画が考えていた商業のゾーンはあっという間に時代遅れとなった。新しい商業は伝統的な商業のゾーンに立地しようとせず、都市計画の前提をすり抜けるように自分たちの適地をみつけ、そこで収益をあげて伝統的な商業のゾーンの力を弱めていく。伝統的な商業のゾーンは、進化する商業にとって数ある立地の選択肢の一つになってしまい、そこにはもはや十分な集積を期待出来ない。

工業機能も独自の論理で立地を選ぶようになる。伝統的には工業が立地するのは交通の便がよいところであったり、その材料が得られやすい場所であった。しかし現在は、こういった外部に依存する論理だけでなく、例えば工場の持つ設備のストックであったり、不採算部門の統廃合といった、企業の内部にある論理をあわせた複合的な論理によってその立地は変動している。つまり、中心×ゾーニングモデルが前提としていたような空間的な論理ではなく、組織的な論理が優先されて立地が変動していくということになる。(5)

住宅機能は永らく、より変化のスピードが遅い、固定的な空間を形成すると考えられてきた。特に日本の場合は持ち家を前提とする住宅政策がとられてきたので、戦後の住宅の政策の中では、「一戸建てが整然とたちならぶ、静的な住宅地」が安定的な住宅市街地の姿であり、その空間は半永久的にかわらないものと考えられてきた。確かに、商売や工業の盛衰のサイクルに比べると、人々はそれほど転居や建替えを繰り返すわけではない。しかし、「一戸建てが整然とたちならぶ、静的な住宅地」のようであっても、その一つ一つの建物の新陳代謝のスピードは速い。例えば**写真2**は、筆者が生まれた戸建て住宅地である。1970年前後に開発されたものであり、当時は同じデザインの住宅が建ち並んでいた。しかし、筆者が10年間住んでいた住宅は、転居後にすぐに取り壊されて新しい住宅が建ち、他の敷地に建つ住宅もほとんどが建

写真２　開発から40年経った戸建て住宅団地

て替わってしまっている。宅地が3つに分割され、それぞれに小さな3階建ての住宅がつくられているところもある。つまり、全体として「住宅地」であることに変わりは無いが、その内部は新陳代謝を繰り返してきたのである。そして、第3章で「スポンジ化」という言葉で強調した通り、それはやがてスポンジのように低密化してくる。

このように、商業機能の変化のスピードは速く、工業機能の変化は複雑な要因で規定され、住宅機能とて安定したものではない、となるとゾーン分けは意味を失っていく。

自動車交通の発達は商業機能や工業機能や住宅機能がこのように自由に振る舞うことを助長する。皮肉なことに、都市計画で実現されていった街路網の発達が、都市計画で指定したゾーンを無意味化していったのである。道路は都市のあちこちをつなぎ、都市から「中心」や「距離」を消失させ、立地からくる制約を小さくしていく。そこを動き回る自動車の性能も格段に向上したし、宅配便のように自動車を使ってあらゆるところにものを運べる仕組みも発達した。商業がどこに立地しようが、工業がどこに立地しようが、住宅がどこに立地しようが、自動車さえあればその距離は気にならない。結果的にそれぞれの機能は、中心からの距離やゾーンではない別の論理を優先させてその立地を決定することになる。

この変化の一番の被害者は、区画整理事業と市街地再開発事業といった都市開発事業である。市街地再開発事業は「中心」を強化する手法として、区画整理事業は「ゾーン」をまとめてつくり出す手法として、それぞれ、中心×ゾーニングモデルを際立たせるように使われてきた。これらの事業は公益性を持つために規模が大きく、それゆえに実現には長い時間がかかる。道路等の都市施設の整備にも長い時間がかかるが、税によって実現される都市施設とは違い、区画整理事業や市街地再開発事業は地権者の土地の権利を再編するものなので、より長い時間がかかる。問題は、これらの都市開発事業が、土地の価値を高めて市場に売却することを前提としているため、市場との関係が不可避であるということである。市場は常に変化を続けるものであり、それに対して長い時間のかかる都市開発事業は間尺にあわない。市場の短期的な変動と都市開発事業の辻褄をあわせるために、多くの都市開発事業は破綻しそうになり、多くの土地所有者を巻き込んだ責任をとらなくてはいけなくなるため、破綻を回避するための公的資金の注入がされることになった。そしてその傾向は、人口減少時代に入ってますます顕著になっているのである。

このように、人口増加時代の都市計画が無意識の前提としていた「中心×ゾーニングモデル」は限界を露呈している。モデルは「外側に向けて大きくなる」という単純な現象を前提としている。しかし、その現象は前提ではなくなり、私たちの目の前には、どこでどのように変化するかの予測が難しいスポンジ化しつつある都市が広がっている。「中心×ゾーニングモデル」という空間モデルそのものを考え直す必要がある。都市縮小期に、中心と外という空間認識にかわる空間認識はどういうもので、それはどういった空間モデルなのだろうか。その空間モデルのもとで都市計画の3つの手法とマスタープランはどのように変わるべきなのだろうか。

全体×レイヤーモデル

都市拡大期において、都市は中心から外側に向けて農地や自然を食いつぶす形で拡大してきた。それに対して、都市縮小期においては、図6上に示すように周辺部から徐々に小さくなってくる、という直感的なイメージでつい空間を認識しがちである。それは、都市拡大期にとられた都市計画手法と同様に、土地をゾーンにわけ、「縮少するエリア」を設定した上で、中心から遠いところから計画的にたたんでいき、コンパクトにするというイメージである。この直感的なイメージは、先ほど説明した、都市拡大期における中心とゾーニングの関係を反転させただけのものであり、中心とゾーンがかわらず存在する、という意味において中心×ゾーニン

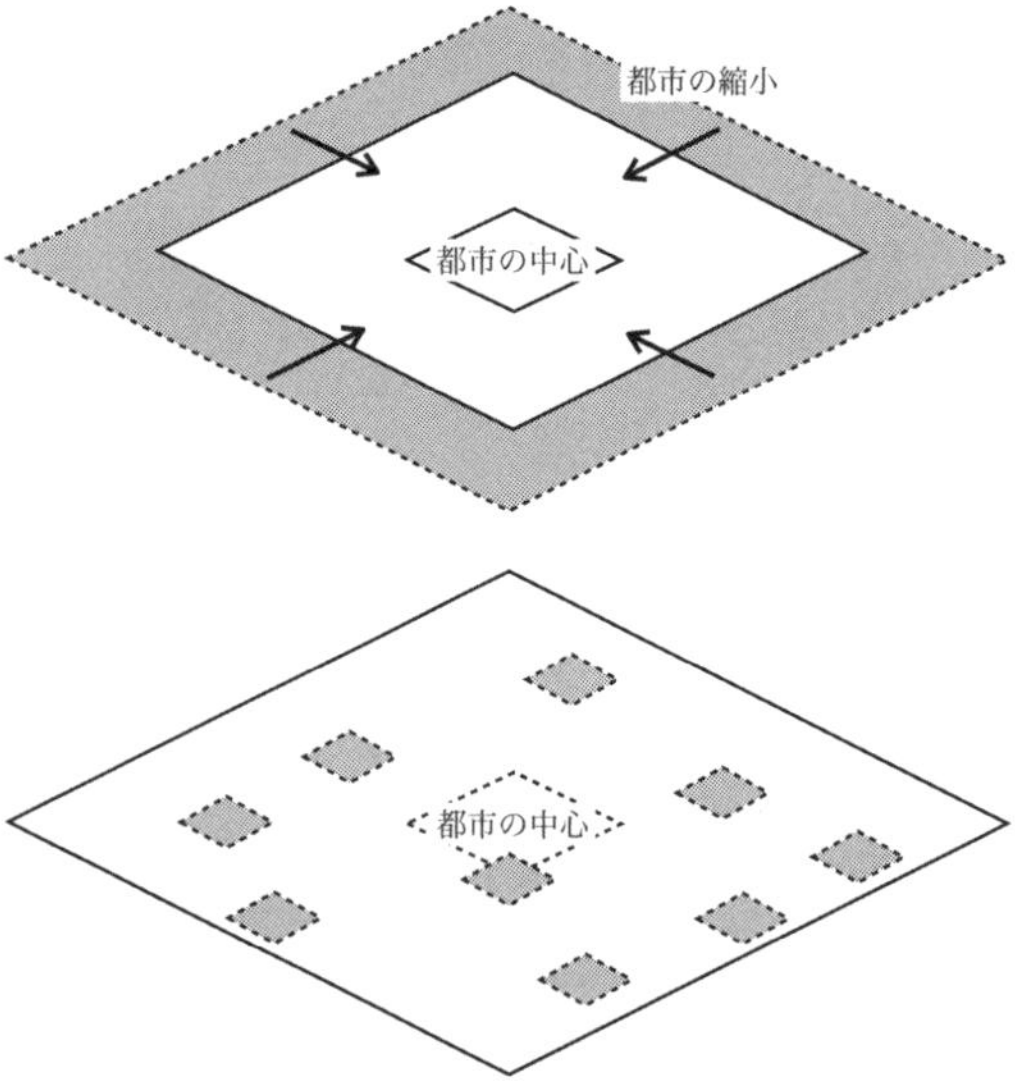

図6　都市の縮小の実際

グモデルを前提とするものである。

しかし実際に土地を観察してみると、そのゾーンの分割が難しいことは第3章で指摘した通りである。都市の縁辺部はスプロールにより農地と山林と宅地が混合している。そして、空き家や空き地は必ずしも縁辺部に発生しているわけではなく、都市は広い範囲でスポンジ状に低密化が進んでいる。**図6**下に示すように混合は都市の中で広範囲にわたり、「中心」や「ゾーニング」がはっきりしないのが、都市縮小期の都市空間である。

そこで発生している「スポンジ化」の現象は、「都市を拡大する」「成長する」という一つに組織化された動機によるものではない。「スポンジ化」を動かしている、例えば、年老いた両親を引き取って両親が住む住宅を空き家にしよう、使わなくなった住宅を壊して空き地にしよう、家業を合理化するために商店街の店舗をやめてしまおう……といった動機は、きわめて個人的な、一つ一つは弱い動機である。それらは空間のあちこちでランダムに発生し、小さく空間を変化させていく。都市縮小期の都市空間は、都市拡大期の都市空間をつくってきた力とは質の異なる力によって、ランダムに変化する。そして、その空間認識のモデルとして、平面的な棲み分けを前提とする中心×ゾーニングモデルは限界がある。ではどのような空間モデルがよいのだろうか。

中心×ゾーニングモデルは、**図7**のように、中心を設定し、商業の論理で変化する空間、工業の論理で変化する空間、農業の論理で変化する空間、住宅の論理で変化する空間を平面的に広がった空間の上に大きくゾーンにわけて配置する。しかし、先述の通り、それぞれの空間はもはやバラバラな論理で動いており、隣あった空間は異なる方向に異なる力で異なるスピードで動き、その合算がスポンジのように顕在化している。つまり、都市空間の変化の全体は、様々な力によって変化する空間の平面的なせめぎあいではなく、異なる論理で変化をしている空間の重なりとして理解できる。では、ここで2次元的な「中心×ゾーニングモデル」にもう1つ次元を増やし、都市を、それぞれの異なる論理で動く空間が重なりあった空間として捉えてみたらどうだろうか？

図8に示すこのイメージを「全体×レイヤーモデル」と呼ぶことにする。都市拡大期に広が

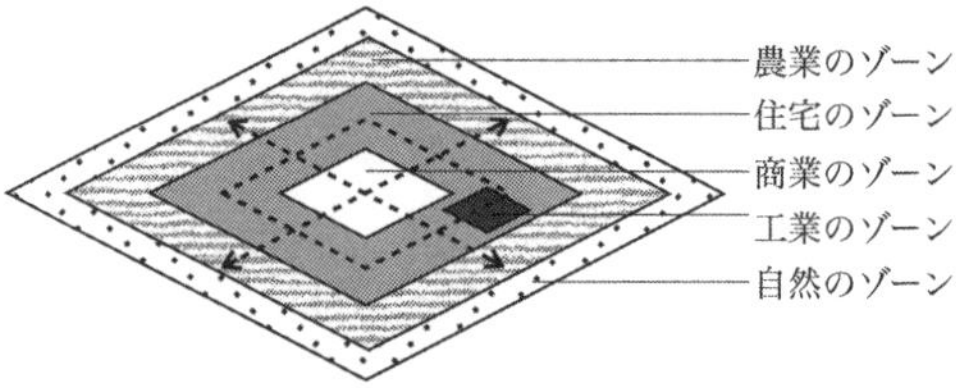

図7　中心×ゾーニングモデル

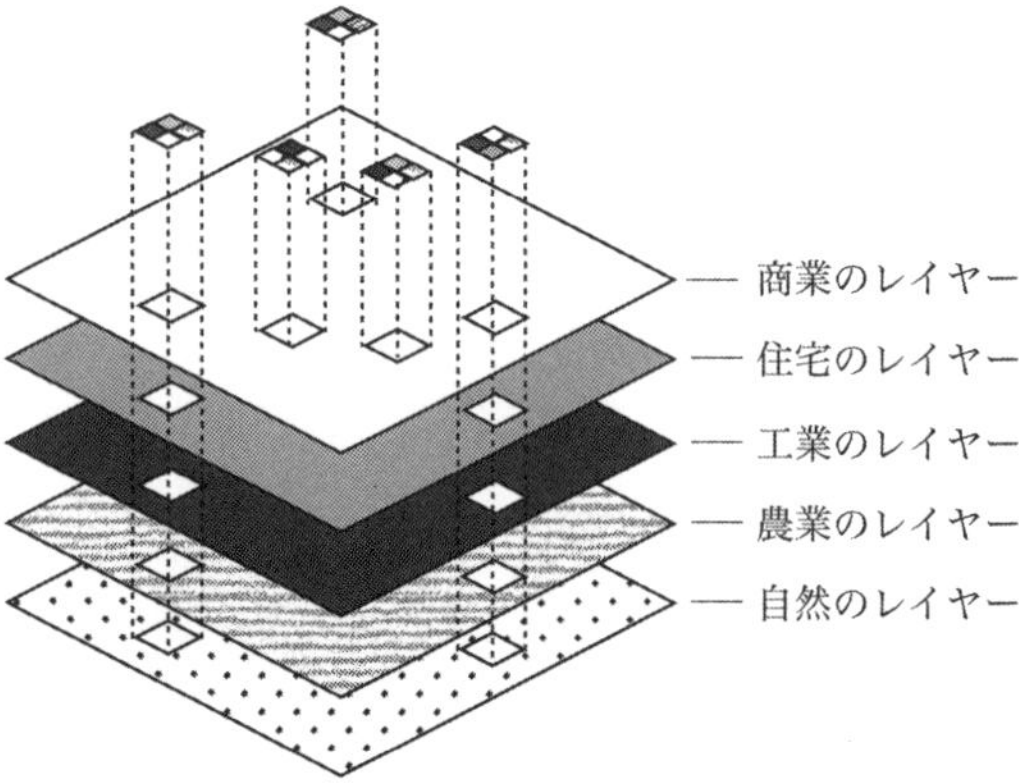

図8　全体×レイヤーモデル

りきった人間が居住する空間の全てが「全体」であり、「レイヤー」とはその「全体」に対してかかる、３つの機能別のレイヤーである。商業のレイヤー、工業のレイヤー、住宅のレイヤーがあり、それに更に農業のレイヤー、自然のレイヤーを加えてもよいだろう。それぞれが異なる論理で動いている機能別の空間である。こういったレイヤーが重なりあったものとして、ランダムなスポンジ化を含む都市の空間の変化を理解することが出来ないだろうか。

このモデルの鍵となっているのは「レイヤー」という言葉で

ある。もともとはエコロジカルプランニングという計画技術を確立したイアン・マクハーグが確立した概念である。[6] マクハーグは生態学を中心に蓄積されていた自然科学の知見と都市や建築の計画をつなげるために、自然科学の知見をその分野毎に地図にまとめ、地図という共通のプラットフォームを通じて、空間の計画に結びつける方法を考えた。具体的には地質・地形・水理・土壌・動物生態・植生・土地利用・気象といった主題毎に地図を作成し、それらを重ね合わせ、都市や建築の文脈を発見するという方法である（図9）。

この方法は「レイヤー・ケーキ・エコロジカルモデル」と名付けられ、主題毎の一つ一つの地図が「レイヤー」と名付けられた。レイヤー・ケーキ・エコロジカルモデルの考え方は、マクハーグの弟子たちが発達させたGIS（地理情報システム）というアプリケーションの設計に活かされ、今日多くの人にとって最も馴染みのあるGISであるgoogle mapの設計にもそれは踏襲されている。google mapには画面に表示する情報を切り替えるボタンがついており、一つの地図に新しい地図を重ねてみたり、別の地図を表示させたりすることができるが、これがまさにレイヤーの切り替えである。

マクハーグは自然科学的な情報を整理するためにレイヤーを使ったが、全体×レイヤーモデルでは、レイヤーを商業のレイヤー、住宅のレイヤー、工業のレイヤー、農業のレイヤー、自然のレイヤーにわけて整理し、こういったレイヤーの重なり合ったものとして都市の空間を理解する。レイヤーはそれぞれスピードや変化の論理が異なり、ある空間で起きている出来事は、

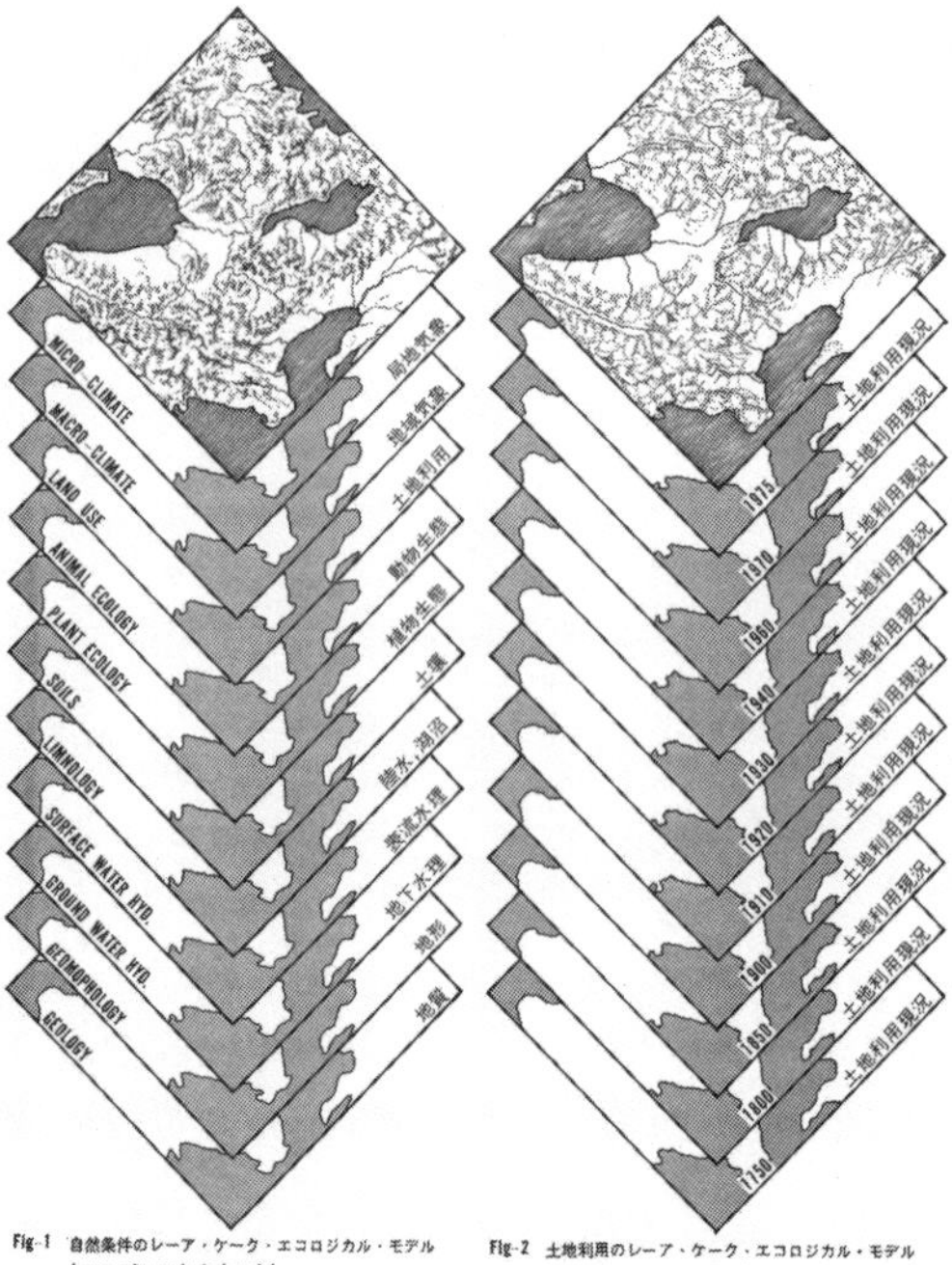

Fig-1 自然条件のレーア・ケーク・エコロジカル・モデル
Layer-cake ecological model
of natural processes

Fig-2 土地利用のレーア・ケーク・エコロジカル・モデル
Layer-cake ecological model
of land use processes

図９　マクハーグによるレイヤー・ケーキ・エコロジカルモデル（『建築文化』1975年６月号、彰国社より）

複数のレイヤーで起きている力の合成としてとらえられる。あるレイヤーでは何のポテンシャルもないと判断された空間が、別のレイヤーでは高いポテンシャルがあると判断されることもある。つまり「スポンジ化」という現象は、レイヤー毎に判断されるポテンシャルの合算の結果であると言える。

中心×ゾーニングモデルでは、まず都市があり、都市の内部には中心に近いところに商業地が、周辺に住宅地が、集合して工業地が配置され、その外側に農地が、さらにその外側に自然があるという、同心円状にゾーンに区切られた空間を考え、それぞれを大きな規模で配置していく。一方で、全体×レイヤーモデルでは、都市の諸機能、住宅、工業、商業、農業、自然が一つの平面上にゾーンに区切られて存在するのではなく、機能別のレイヤーの重なりとして存在していて、レイヤーはそれぞれの独自のメカニズム、独自のスピードで動くと捉える。

都市拡大期に中心×ゾーニングモデルという単純な空間モデルによって都市計画を動かしてこられたのは、都市にかかる力が「成長」という単純な一つの目的に統合されており、統合されたその力が強かったからである。住宅も、工業も、商業も同じ目的を持っていた。強い力を捌くために、空間モデルは単純である必要があった。しかし、都市を成長させるという共通の目的の力が弱まり、レイヤーを束縛する力が弱まり、それぞれのレイヤーが持っていた力が顕在化した。こういった力を整理し、都市の変化をとらえようと考えるのが、全体×レイヤーモデルである。

中心×ゾーニングモデルでは空間をゾーンに分け、それぞれのゾーンの中に3つの産業と住宅をざっくりと配置し、それぞれがそれぞれの論理で乱暴に成長しても、対立を起こさないように考えられていた。それはある程度は機能したが、3つの産業と住宅がそれぞれの論理にそって独自に空間を発展させた結果、中心×ゾーニングモデルには馴染まなくなり、さらには、人口の減少、都市の縮小にあわせて、空間に余裕ができ、3つの産業と住宅による空間の使い方を相互に強く調整する必要性が相対的に弱まってきた。もはや中心やゾーンといった考え方で3つの産業と住宅を縛らなくてもあまり問題が起きないので、その縛りを外し、土地が持つ3つの産業と住宅の可能性を、幅広く、全体の中で考えていこう、と発想を転換するのが全体×レイヤーモデルである。

このモデルをつかって、スポンジ化していく都市空間をどう計画すればよいのだろうか。商業、工業、住宅、農業といった特定のレイヤーにおいて、空間の必要性がなくなり、そこに孔があくことがスポンジ化である。そして全体×レイヤーモデルでは、その孔に対して、そこに重なっている別のレイヤーが可能性を与えてくれると考える。たとえば都心の空き地には農業の可能性が、農村の空き家にはカフェの可能性が、商店街の空き店舗には小さな工場の可能性が与えられる。中心×ゾーニングモデルではこれらの土地は別々に切りはなされて存在するべきであると考えられていたが、全体×レイヤーモデルでは全ての空間に全てのレイヤーの可能性があると考える。そして1つの空間に対して全てのレイヤーから得られる様々な可能性をつなぎあわせることで、その空間の計画をつくることができる。個々のレイヤーを動かしている論理から空間の可能性を丁寧に読みとって、それを空間の計画に結びつけていくこと、これが全体×レイヤーモデルにもとづいた都市計画である。

都市計画はどう変わるべきか？

空間モデルの変化に対応して、都市計画の3つの手法である土地利用規制、都市施設、都市開発事業、そしてマスタープランはどのように変わっていくべきなのだろうか。

中心×ゾーニングモデルから全体×レイヤーモデルへの大きな変化は、都市拡大期の都市計画が行っていた、大きなゾーン、巨大な青い鳥、大きな開発の組み合わせによる粗っぽい制御ではなく、スポンジ化によって小さな単位でしか動かない空間に対して、そこに顕在化している複数のレイヤーの可能性を読み取り、それを組み合わせながら空間のデザインを丁寧に組み立てていく、というスタイルへの変化である。

土地利用規制はどのようにあるべきだろうか。都市拡大期の土地利用規制が指向していた「用途純化」の方針は180度の転換を迫られ、小さな規模でいかに土地利用を混在させるかが課題となってくる。例えば、農地と住宅と工場、森林と商業施設……といった、異なるスピードを持つ空間をいかにスマートに混在させていくか、ということである。ゾーニングで大きな範囲を一律的に規制するのではなく、小さな空間単位で用途が混在する空間が目指される。

都市施設はどうあるべきだろうか。大規模な都市施設をただ単純に描いたものが、都市拡大期の都市計画であったが、大規模なまとまった土地を使ってつくられる都市施設ではなく、小さくバラバラの土地の総和によってつくられる都市施設を考えなくてはならない。大規模な緑地の不足という問題に対しては、スポンジ化でつくり出される小さな緑地の総和で解決出来る方法を探らなくてはならないし、交通施設の不足も、大きな道路をつくるだけでなく、小さな土地に交通のサービスを埋め込むことで解決出来る方法を探らなくてはならない。緑地が大規模であるが故に果たせる機能もあるし、道路が大規模であるが故に果たせる機能もあるので、全ての大規模な都市施設が不要であると主張するつもりはない。しかし、それらとスポンジ化でつくり出せる小規模な都市施設が果たせる機能の合計を比べて、大規模な都市施設がなぜ必要なのかを、もう一度定義しなくてはならない。青い鳥型で、全ての都市施設を即地的かつ事前確定的に決定するのではなく、スポンジ化の中で、都市施設の果たす実質的な機能がどう実現出来るかを検討するということである。

都市開発事業はどうあるべきだろうか。スポンジ化する都市空間に小さな事業を埋め込んでいくためには、公共と民間の協調した取り組みが不可欠である。都市拡大期の都市開発事業はその「大きさ」や「公益性」ゆえに公共と民間の巨大で身動きのとれない共同関係がつくられて、そのことがリスクとなったが、民間と公共が資源を出し合って実現する規模の小さい都市開発事業の可能性を追求する必要がある。

こういった3つの手法を統合するマスタープランはどういう情報を示せばよいだろうか。3つの手法に起きる変化は、①小さな空間単位で用途が混在すること、②都市施設が小規模化すること、③都市開発事業が小規模化することであり、これらはどこの土地で実現化されるかわからない、場所についての不確実性を持つ。そのため、マスタープランにおいて、はっきりした都市の将来像を則地的に描くことは難しくなる。そこで描けるのは、せいぜい「スポンジの穴があいたら、このあたりにこういう機能が欲しい」という、大きな領域に対する「欲しいもののリスト」のようなものではないだろうか。

本章ではここまで、都市拡大期の都市計画がどのような手法の組み立てをもっていたのかを解説し、それが「中心×ゾーニングモデル」という空間モデルを前提としていたのではないか、と議論を展開した。そして都市縮小期にはその空間モデルが「全体×レイヤーモデル」に転換するべきではないかと議論を展開し、全体×レイヤーモデルから導き出すかたちで都市計画の手法のありかたを検討してきた。表3に2つのモデルと、それにもとづく都市計画の方法の違いをまとめておく。

こういったモデルから始まる検討は、どうしても抽象的にならざるを得ず、具体性に欠けてしまって分かりにくくなる。次章では筆者が取り組んだいくつかの実践を具体的に紹介しながら、都市縮小期の都市計画の検討を深めることにしたい。

		中心×ゾーニングモデル	全体×レイヤーモデル
空間モデル		都市拡大期には、都市には中心があり、外側に向けて大きくなっていく	都市縮小期には、広い範囲でスポンジ状に低密化が進む。「中心」や「ゾーニング」がはっきりしない
都市計画の方法	概要	都市の中心に近いところに商業地を、周辺に住宅地を、集合して工業地を配置し、その外側に農地が、さらにその外側に自然があるという、同心円状にゾーンに区切られた空間を考え、それぞれを大きな規模で配置していく	住宅、工業、商業、農業、自然が機能別のレイヤーの重なりとして存在していて、レイヤーはそれぞれの独自のメカニズムで動くと捉える。空間は小さな規模で変化し、変化する全ての空間に全てのレイヤーの可能性があり、全てのレイヤーから得られる様々な可能性をつなぎあわせることで、その空間の計画をつくる
	土地利用規制	中心を意識し、ゾーンに区切って考える	小さな規模で土地利用を混在させる
	都市施設	大ざっぱな計画に基づき、大規模なまとまった土地を使ってつくられる都市施設	小さくバラバラの土地の総和によってつくられる都市施設
	都市開発事業	空間の権利を大規模に調整して実現する大きな面や都市の中心の開発事業	都市の中に散在する空間の権利を調整して実現する小さい規模の開発事業
	マスタープラン	はっきりした都市の将来像を則地的に描く	「このあたりにこういう機能が欲しい」という、大きな領域に対する「欲しいものリスト」のようなもの

表3　空間モデルの違いと都市計画の違い

文献と注

(1) 都市計画法制研究会『コンパクトシティ実現のための都市計画制度——平成26年改正都市再生法・都市計画法の解説』ぎょうせい、2014年

(2)『白熱講義　これからの日本に都市計画は必要ですか』(学芸出版社、2014年) p.86における蓑原敬氏の発言による。

(3) 我が国のマスタープランの導入の歴史は、森村道美『マスタープランと地区環境整備』(学芸出版社、1998年)に詳しい。

(4) 7種の都市開発事業は以下の通りであり、これらのうち、現在よく使われているのは①と④である。①土地区画整理事業、②新住宅市街地開発事業、③工業団地造成事業、④市街地再開発事業、⑤新都市基盤整備事業、⑥住宅街区整備事業、⑦防災街区整備事業。

(5) こうした企業の内部にある論理は企業の「立地調整」という行為にあらわれてくる。

建築学会誌特集「〈郊外〉でくくるな」（２０１０年４月）に所収の経済地理学者松原宏のインタビュー記事、「郊外都市は工場をどう受けとめていくべきか」（文責饗庭）の中で、「立地調整行為全体を取り上げていかないと全体像を把握することができない」とある。

（６）イアン・マクハーグ『デザイン・ウィズ・ネイチャー』集文社、１９９４年

第5章　都市のたたみかた

2つの事例から考える

この章では筆者の関わった2つの事例を通じて、第4章において整理した都市をたたむ方法がどう実践されているのかを見ていきたい。

最初の事例は東京近郊の都市における空き家再生の取り組みである。その事例を通じて、スポンジ化によって孔があいた土地の使い方がどのように変わり、孔がどのような形でふさがれていくか、そこでどのように土地利用が混在され、小さな都市開発事業がどう成立していくかを見ていきたい。こういった空き家を別の用途に再利用する、という取り組みはもはや珍しいものではない。人口が減少する時代、つまり住宅が余る時代に本格的に入り、あちこちで当たり前のように取り組みが始まったものである。ここではその一つを考察することによって、「都市をたたむ方法」がどうそこに現れているのかを見てみたい。

2つ目の事例は東北の地方都市においてつくられた「空き家活用型まちづくり計画」の取り

組みである。１つ目の事例が都市に現れたスポンジの小さな孔に対する個別的な取り組みであるのに対し、こちらはそういった、都市のあちこちで行われるであろう個別的な取り組みを都市全体の環境の改善のための計画に織り上げていくためのマスタープラン作成の取り組みである。

空き家活用プロジェクト

東京近郊のY地区で筆者が取り組んだ、空き家を再生して地域の拠点を形成するというプロジェクトを紹介する。Y地区は東京都心から約30分の立地にある。中心を古い街道が貫き、築400年とも言われる茅葺きの農家が残る歴史のある地区であるが、古くからの家が所有する農地や林地として使われていた土地が都心からの開発圧力に押されて少しずつ切り売りされ、そこに新しい住宅が建ち並んできたという、典型的なスプロールの状況にある（図1）。

プロジェクトの発端は、地域で活動する建築家と都市農地の再生に取り組む市民グループが、小さな平屋建ての借家を使って、地域で活動する拠点をつくることになり、その改修について筆者に相談にきたことにある。その借家の調査の過程で、近辺に大きな空き家が存在することを知り、そこに拠点をつくることができないかと考え、人伝でそのオーナーに連絡を取りプロジェクトがスタートした。

歴史のある地区とはいえ、空き家そのものは昭和30年頃に建てられたものであり、「古民家」

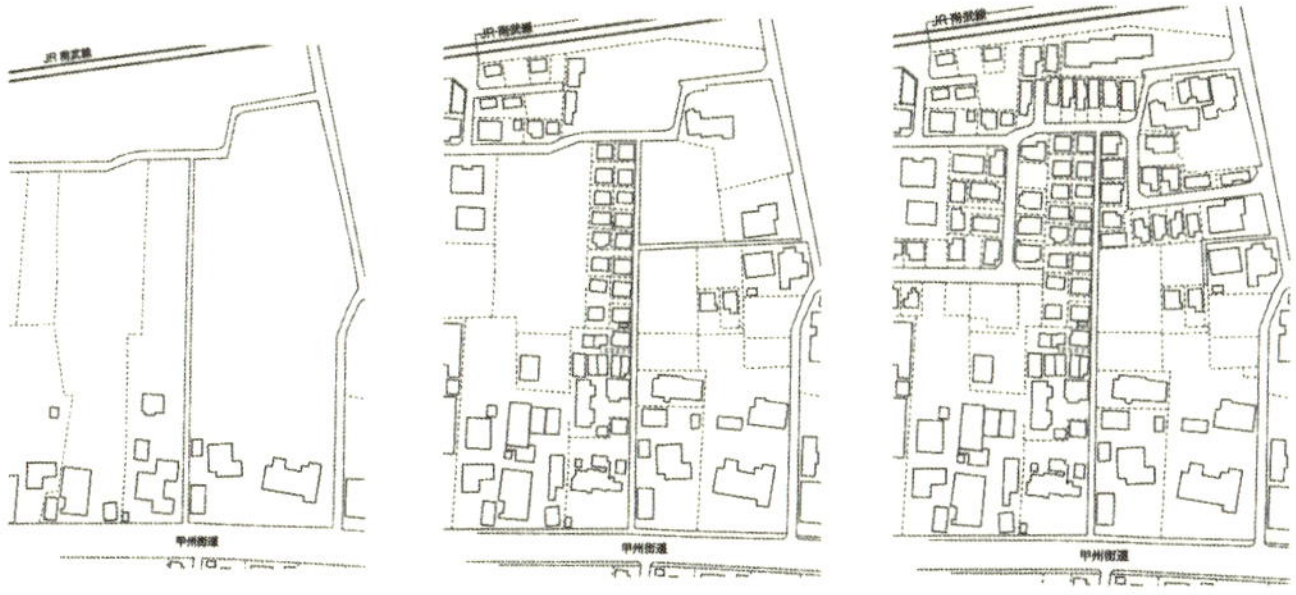

1940年代　1970年代　現在

図1　プロジェクトYの周辺図。古い街道沿いに発達した農村の後背地（地図の北側の部分）が徐々に市街化していった様子が見てとれる

と言うほどの歴史的な建築ではない。20年前までは住宅兼医院として使用されていたが、オーナーの代替わりにともない空き家となっていた。現オーナーの自宅はそこから2時間近くかかる場所にあり、年に数度のメンテナンスに訪れていたが、庭には雑草が生い茂り、建物の一部が壊れているなど、典型的な空き家の様相であった。幹線道路に面しているために立地がよく、土地も300坪と広いため、マンション開発業者が土地を求めて足繁くオーナーを訪れるような状況もあったそうだが、先祖代々の土地であり、5年後に控えた自身の退職後の生活設計とあわせて考えたいので当面の売却は考えていないということであった。

空き家を見せてもらったオーナーより「検討の余地がある」との感触を得た筆者らは、まずは建築家と市民グループの関係者、近隣の大学の学生等を巻き込んで、「皆が使うことができる拠点」の企画をつくるワークショップを数度にわたって開催した。建築家と市民グループが

写真１　企画をつくるワークショップの様子

ただ「自分たちの拠点として空き家を使いたい」とオーナーと交渉することは、冷静に考えるとかなり厚かましい話であるし、オーナーさんにとってみれば、よくある大家と店子の関係を新しく結ぶだけのことにすぎない。そうではなく、「皆が使うことができる拠点」とは何なのかということを多数の人たちと考える、ということから始めたのである（**写真1**）。

この連続ワークショップは空き家の使い方を考えるだけでなく、この建物を中心に、それを使う人たちの社会的なつながりを形成していく取り組みでもあった。実際に住宅を空けてもらい、その中を探索しながらそれぞれの部屋がどう使えるのかを考えるワークショップは、最初に考えていなかった思いがけないアイデアを引き出すことに役立ったし、その中から実際に「この場所を使ってみたい」という担い手が見えて来ることにつながった。また、住宅の庭の草むしりや、大掃除をするワークショップも開催した。オーナーにとってはメンテナンスが負担であったわけだが、それがどれくらいの作業量であるのかを参加者が理解することにもつながったし、綺麗に整えられた空き家の空間にはさらに想像をかき立てられることになった。

草むしりを経て素敵な庭が誕生したので、そこに周辺の地域の人を招いたビアパーティも開催した。周辺の人たちは、空き家に筆者らが出入りしていることをそれまで怪訝に思っていたが、こうしたパーティを通じてそこで何が起きているのを知ることが出来た。ワークショップを進める過程で、この空き家が地域でも由緒ある家の住宅であることがわかり、オーナー一族の長老にお願いをして、家の歴史を語ってもらう、という勉強会も開催した。こういったプロセスを通じて、空き家の使い方のプランが固められ、同時にこの空き家に興味を持つ多数の人たち、使いたい人たち、近隣の人たち、オーナーの一族との社会的なつながりが形成されていったのである。

空き家の使い方は、結果的にシェアハウス、コミュニティカフェ、シェアオフィス、工房、イングリッシュガーデンを混在させたプランとしてまとめられ、オーナーに提案された（図2）。雑多な用途が詰め込まれているが、これは「空き家を使いたい多数の人たち」が実現したいと考えている小さなことを合成するような形で計画をつくっていったからである。計画の条件となったのは、オーナーが負担している毎年の固定資産税相当額を賃料として支払うこと、草取り等のメンテナンスを行うこと、空き家を改修する費用を負担すること、5年間の時限の計画

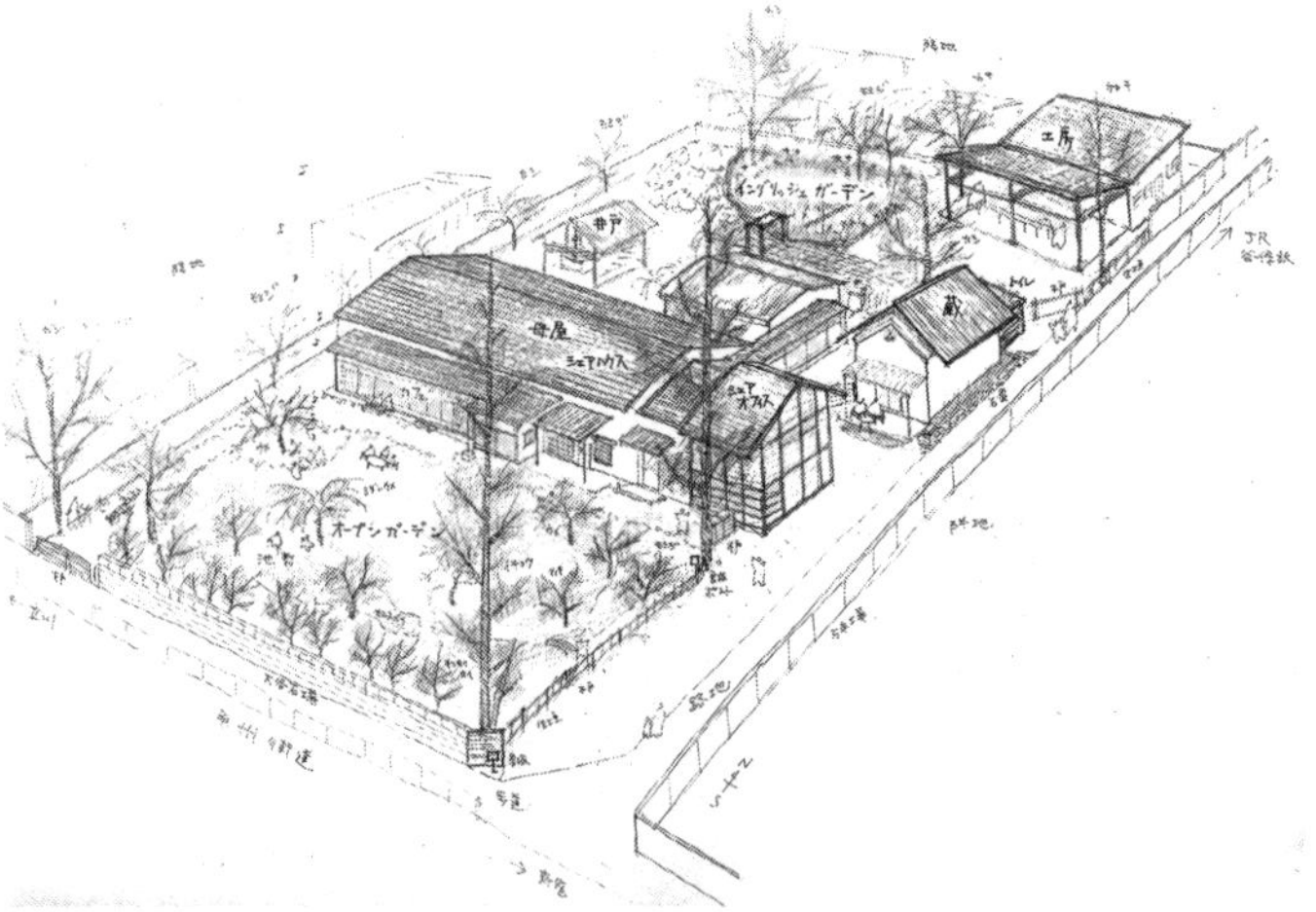

図２　プロジェクトＹの計画図。WAKUWORKS 作成

とすることである。最初の2つの条件は、オーナーが現実的に負担に感じていることであり、5年という時間はその頃に想定されるオーナーの退職時に白紙の状態で考えられるように、ということである。

　これらの条件を踏まえ、建物を5年間の時限で賃借し、シェアハウス、シェアオフィス、コミュニティカフェの家賃によって、建物の改修費と5年分の固定資産税相当額が回収できる計画を組み立て、プロジェクトがスタートした。5年間の収入と支出はそれぞれ約1000万円程度の非営利の事業である。もちろん、同じ規模の建物を新築するよりも安い金額であるし、この場所にマンションが開発される時に動くであろうお金よりもはるかに安い金額でプロジェクトは実現された。

　ではどのように空間をつくっていったのか。

建物については一部の床が凹んでいたり、雨漏りがあったところを修繕した。庭にあった樹木は少しずつ刈り込んで形を整え、荒れ放題であった庭園を綺麗にし、裏庭はイングリッシュガーデンに生まれ変わった。裏庭をつくり込む過程で、いつ埋められたのかわからない仏像が出て来たことも楽しい事件だった。また、敷地を囲んでいたブロック塀を思い切って取り除くこととした。普通の住宅であれば、防犯上の視点からこういったブロック塀を欠かすことはできないが、それを取り除くことで、暗くてじめじめしていた敷地の雰囲気は変化し、敷地内にある建物や蔵が直接に街路に表出することによって、そこにあたらしい界隈をつくり出すことにつながった。

　これらの改修にあたっては、プロの手が必要な改修は賃金を支払ってプロにお願いをしたが、自分たちでできることは自分たちで、あるいは友だちに頼めることは頼む、というかたちで、計画をつくった時と同様に、皆が出来る「小さなこと」を合成するような形で改修を進めた。

　約半年の改修工事を経て開かれたオープニングパーティには様々な人々がやってきた（**写真2**）。市民グループのメンバーが組んでいるバンドはセミプロ級のジプシー音楽を披露した。工房に入居している大工は地元の阿波踊りの連を連れてきて阿波踊りを披露した。イングリッシュガーデンをつくった英国人のガーデナーはバーベキューを提供した。彼らは、空き家の使い方を探るワークショップや空き家を改修する工事のプロセスの中で巻き込まれた人々であり、オープニングパーティの場ではそれぞれの持つ社会的なつながりが一つにむすびついた。ジプ

写真２　オープニングパーティ写真

シー音楽と阿波踊りとバーベキューが混在するこのオープニングパーティは、一見すると何の脈絡も、何のコンセプトもない、雑多なものに見えるかもしれないが、逆に都市がもつ雑多さがそのまま表出したものであるとも言える。この雑多なイベントの中で江戸時代から続くオーナーの一族がニコニコしながら酒宴を囲んでいたことが印象的であった。

その後、この場所はシェアオフィス、コミュニティレストランとして使われている。加えて不定期に開催されるガーデンパーティ、レストランで開催される小さな講座など、小さなイベントが不連続的にかつ持続的に開催され、地域の人たちだけでなく、遠くから訪れる人たちで賑わっている。

を見てみたい。

――――プロジェクトYの特徴

プロジェクトYの特徴を整理しながら、「都市をたたむ方法」がどうそこに現れているのかを見てみたい。

①用途が混在する

第一の特徴はそこにシェアハウス、コミュニティレストラン、シェアオフィス、工房等の複数の用途が混在していることである。オープンのあと、さすがに多くの用途を詰め込み過ぎたため、シェアハウスは廃止することとなったが、それでも用途が混在することの複雑さや多様さはこのプロジェクトの大きな特徴である。オープニングパーティにあらわれていたように、単用途でないことが魅力となって、この場所には様々な人が惹き付けられることになったし、異なる用途の相乗効果も見られる。

こうなってしまったのは、現実的には100坪という大きな「スポンジの孔」を一つの用途、単独の運営主体で埋めることが難しく、ワークショップに集まった人たちの小さな「やりたいこと」を繋ぎ合わせるようにして埋めていったからであり、第4章の言葉を借りるならば、農業、商業、住宅……といった複数のレイヤー毎に見いだされる可能性を繋ぎ合わせていったということである。こうした「弱いモチベーション」を合成するという方法は、都市をたたむ手法の重要な一つだろう。

②独自の時間軸をもつ

このプロジェクトではオーナーの退職するころを目途にし、プロジェクトの期間を5年間として、そこから逆算的に事業の計画を組み立てた。5年間でかかるコストは予想しやすく、それをもとに具体的な計画をつくることができ、オーナーが安心感をもって判断できることにもなった。空き家の発生は、退職や相続といったオーナーの人生の固有の時間軸に左右されやすく、それ故にスポンジ化はどこでどのように孔があくのかがわからないランダムさを持つ。しかし、個々の人生に焦点をあてると、その時間軸を読むことは難しくない。筆者らはオーナーとのやり取りの中で、5年という時間軸を見いだし、それにあわせた計画をつくり、短期ではあるが豊かな空間を実現化した。

一方で、空間が5年間しか存在しないことは、短所ともとらえられる。スポンジ化の構造を壊さずそのまま使っているため、5年後のオーナーの状況にあわせて空間はすぐに変化してしまう可能性がある。つまり都市の空間としては安定しないのである。

③貨幣だけでなくソーシャルキャピタルを使うことが出来る

では次に脱市場化の実態を見ておこう。このプロジェクトでは5年間で1000万円弱程度のお金しか動かない。たとえばここを更地にし、多くの人が住めるような集合住宅を建設すると、そこには数億円のお金が動くことになる。こうした開発を選択するという手もあったわけだが、市場に頼り、お金を返済するリスクを抱えることをオーナーは選択しなかった。そしてオーナーと建築家らは、この場所を使って、あまり市場を使わない、貨幣を使わない形で必要な資源を集めて開発を進めることを選択した。

貨幣に代わるものが、ここに関わった人々のもつ社会的なつながり、いわゆるソーシャルキャピタルである。計画をつくる際にワークショップを開催して社会的なつながりをつくり出していったことは既述の通りであるが、計画をつくる段階だけでなく、入居者を探す段階でも不動産斡旋会社を介さず、知り合いの知り合い、といった形で社会的なつながりを駆使したし、オープニングパーティもそれぞれの人たちの社会的なつながりが駆使されて開かれたことも述べたとおりである。もちろん、使った貨幣はゼロではなく、1000万円という少なくない額の貨幣がここに使われている。その半分は納税に使われ、残りの半分は必要なサービスをプロジェクトの外部から調達するために使われた。それは、プロジェクトを円滑に進めるための必要最小限の費用であり、人々が社会的なつながりによって調達した資源を交換するための潤滑油のような役割を果たしたとも言える。

スポンジ化によって都市空間の中にランダムに発生する空き家に対して、それぞれに複合的な用途を組み合わせ、市場を最小限に使い、状況にあわせた細やかな時間軸をつくりながら豊かな空間を実現していく、これがプロジェクトYで見いだした「都市をたたむ方法」の一つの答えである。第4章で、全体×レイヤーモデルにもとづく都市計画における都市開発事業の特徴を「都市の中に散在する空間の権利を調整して実現する小さい規模の開発事業」としたが、その具体例がプロジェクトYである。

プロジェクトYは、都市を所有する多数の人たちにくらべると、きわめて少数の人たちの意志を集めたに過ぎず、小さな空間を5年間しか変えていない。しかし、第3章でのべたように、私たちが手に入れた「一人一人の意志に鋭敏に反応して小さな部分が変わっていく、という意味では「やわらかく」、多数の意志が変わらないことには構造が変わりえない、という意味では「しぶとい」都市」を豊かな都市空間に変えていく方法は、このような方法を積み上げ、少しずつ豊かな空間を増やしていくしかない。

では、このような小さな空間を積み上げただけで都市は豊かになっていくだろうか？　このような私的な空間の取り組みの集積や連携によって、これまで公共がつくり出してきた道路や公園はつくり出せるのだろうか？　このことに挑戦しているのが、次に述べる「空き家活用まちづくり計画」と「ランド・バンク事業」である。

空き家活用まちづくり計画とランド・バンク事業

T市は東北地方の人口約13万人の都市であり、他の多くの地方都市と同様に人口減少と増加する空き家の問題を抱えている。市の空き家実態調査によると、市内には2273棟の空き家が存在し、こうした問題に対して、市は空き家を管理活用するための条例、町会等に空き家の情報を連絡する仕組み、空き家バンクといった総合的な取り組みをスタートした。そして、こういった取り組みの中で、空き家の多いS町が浮かびあがってきた。

S町は、かつての城下町の町人地・寺社地であり、現在も商店街と多くの寺社がある住宅地である。市内では伝統のある格の高い住宅地である一方、戦災や大火、大規模な都市改造を経験していないため城下町時代に形成された街路がほぼそのまま現在に残っており、狭い道路や袋小路が多数存在している。そのため道路等の都市施設が不足し、自動車の利便性が低く、除雪車が入れないために冬期には除雪の困難なエリアがある。こういった不便を嫌って若い世代がS町から出て、市の郊外に居住するケースが多くあり、そのために高齢化が進み、不動産の流動性も落ちる、というやや悪い循環が起きていた。その結果として空き家の数が増加していたのである。しかしこれは区画整理事業のような大規模な手術によって都市施設をつくるほどの深刻な問題ではなく、この問題を公共投資を伴わない方法でどう解決していくかが課題であった。

この「都市施設が不足している」という問題を、公共投資ではなく、空き家への対策の中で解決できないか、と考えたのが「空き家活用まちづくり計画」であり「ランド・バンク事業」である。具体的には次のような仕組みである。市には、空き家や空き地について、寄付や安価での売却の相談が多く寄せられるようになっていた。大都市ではまだあまり無いことだが、人口が減少し、不動産の開発圧力の低い地方都市において、こういった相談は日常的にあるという。寄付する側には「是非公的な目的で活用してほしい」という純粋な思いはあるが、事はそれほど簡単ではない。市の財産になれば、そこに管理の責任が発生するため、市は寄付の申し出をすべて受け入れるわけにはいかない。しかし、S町のような場所で空き家の寄付をうけることは、不足している都市施設の用地を無料で得ることにつながる。

そこで、空き家の寄付を前提としたまちづくりの計画を立て、その計画に基づいて空き家や空き地の寄付を受けつけ、そこに道路や空地などの都市施設を生み出していこう、という仕掛けが考えられた。その都市施設の配置の計画が「空き家活用まちづくり計画」であり、計画にもとづいて都市施設を生み出していく事業が「ランド・バンク事業」である。

「空き家活用まちづくり計画」や「ランド・バンク事業」には、空き家の寄付や撤去を強要する法的な強制力も、空き家を買収するための財源もなく、ランダムに発生する個々の空き家に対する継続的なはたらきかけと交渉協議を前提としている。都合のよい場所に空き家が発生するわけではないので、10年、20年、あるいはそれ以上の時間をかけて計画を実現していこうと考えられている。第4章で述べた通り、かつての都市計画のマスタープランは、空間を確定的に描き、その実現を目指すものだった。都市が成長する圧力と、増え続ける人口と税財源がその根拠だったわけだが、その根拠が消え去った人口減少時代において、マスタープランの役割も描かれ方も変わらなくてはいけない。こういった都市拡大期のマスタープランのもつ特徴、詳細さ、空間の不確定さはどのように表現されているか、空き家活用まちづくり計画の中身をみてみよう。

空き家活用まちづくり計画は、S町に住む住民を対象とした5回のワークショップを経て作成された（**写真3**）。その内容は①空き家活用パターン、②まちづくりの目標、③まちづくりの目標を実現するための空き家の活用策、④まちづくり計画イメージの4つの項目で構成されている。

①空き家活用パターンは空き家を活用する選択肢がメニュー形式で示されたもので、S町でありうる空き家活用の選択肢が住民のワークショップによって22の項目に絞り込まれたものである（**図3**）。22の項目は大きく「空き家を壊さずにそのまま・改修して再利用する」「空き家を除去して地域に必要な空地として利用する」「空き家を除去し地域に必要な都市基盤を整備する」の3種、つまりそのまま使うか、壊して空地として使うか、都市施設として使うかに分けられる。ワークショップによって絞り込まれたとはいえ、福祉施設・農地・道路……とその選択肢は幅広く、示されたものはあくまでもメニューであって、S町の空き家の使い方を強要

写真３　空き家の活用方法を考えるワークショップの様子。活用された空き家を都市模型の中に埋め込んで都市がどう変化するかをチェックしている

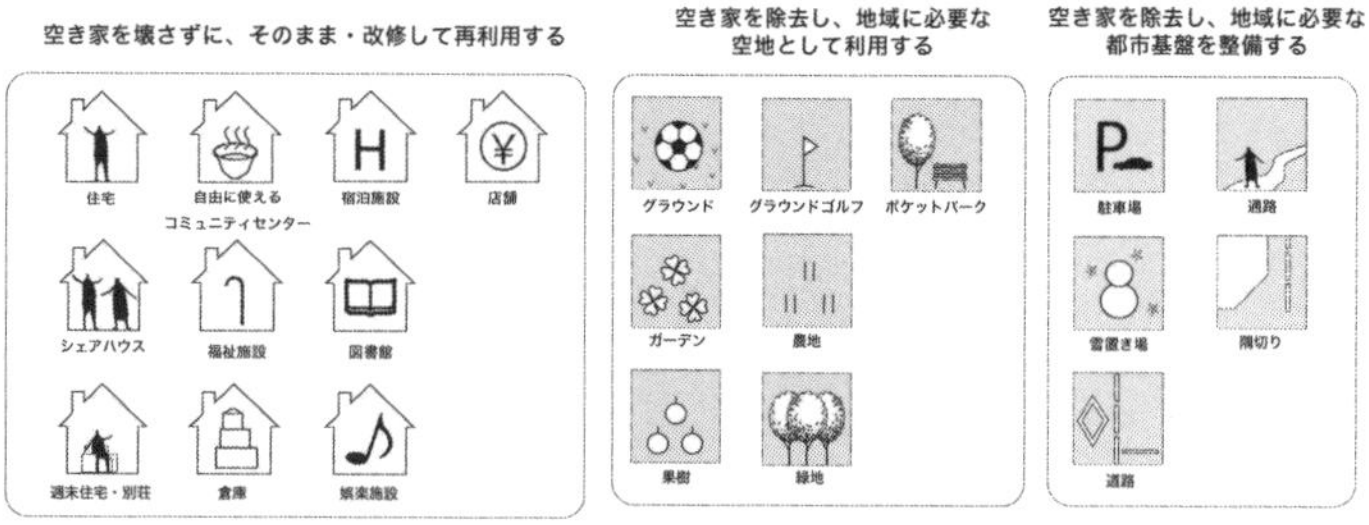

図３　空き家活用パターンの一覧

活用策1	地域で使える拠点をつくる
活用策2	道路や通路を整備する
活用策3	道路ののびしろ空間をつくる
活用策4	歴史的なおもむきを育てる
活用策5	新しいサービスを導入して生活を豊かにする
活用策6	空き家が民間の力で活用されるように、まちの価値をあげる
活用策7	近居を進めるための住宅整備

表1　空き家の活用策の一覧

するものではない。

②まちづくりの目標は将来のS町の目標を示したものである。「年をとっても健康で、余暇や趣味を楽しみながら住み続けられるまち」「多世代交流が盛んで若い世代も引っ越してくるまち」「歴史的なおもむきのあるまち」「外に出かけやすく、冬でも暮らしやすいまち」の4つの目標が示されている。いずれの目標も大きな開発や活性化を目指すのではなく、生活に根ざし落ち着いて持続的に暮らしていけることを目指すものである。

③まちづくりの目標を実現するための空き家の活用策は②の4つの目標の実現のために、どのように①の選択肢を組み合わせていくかの考え方を示したものである。**表1**に示す7つの活用策がまとめられた。活用策1〜4は、空き家の改修や都市施設の整備等のハード面、活用策5と活用策7は空き家を活用した新たなサービスなどのソフト面の活用策である。ハード面の活用策のうち、活用策2と活用策3はS町の「都市施設が不足している」という課題を直接的に解決するもので、空き家を除去して道路や通路を整備する方法が示されている。活用策3で提案された「道路ののびしろ空間」は積

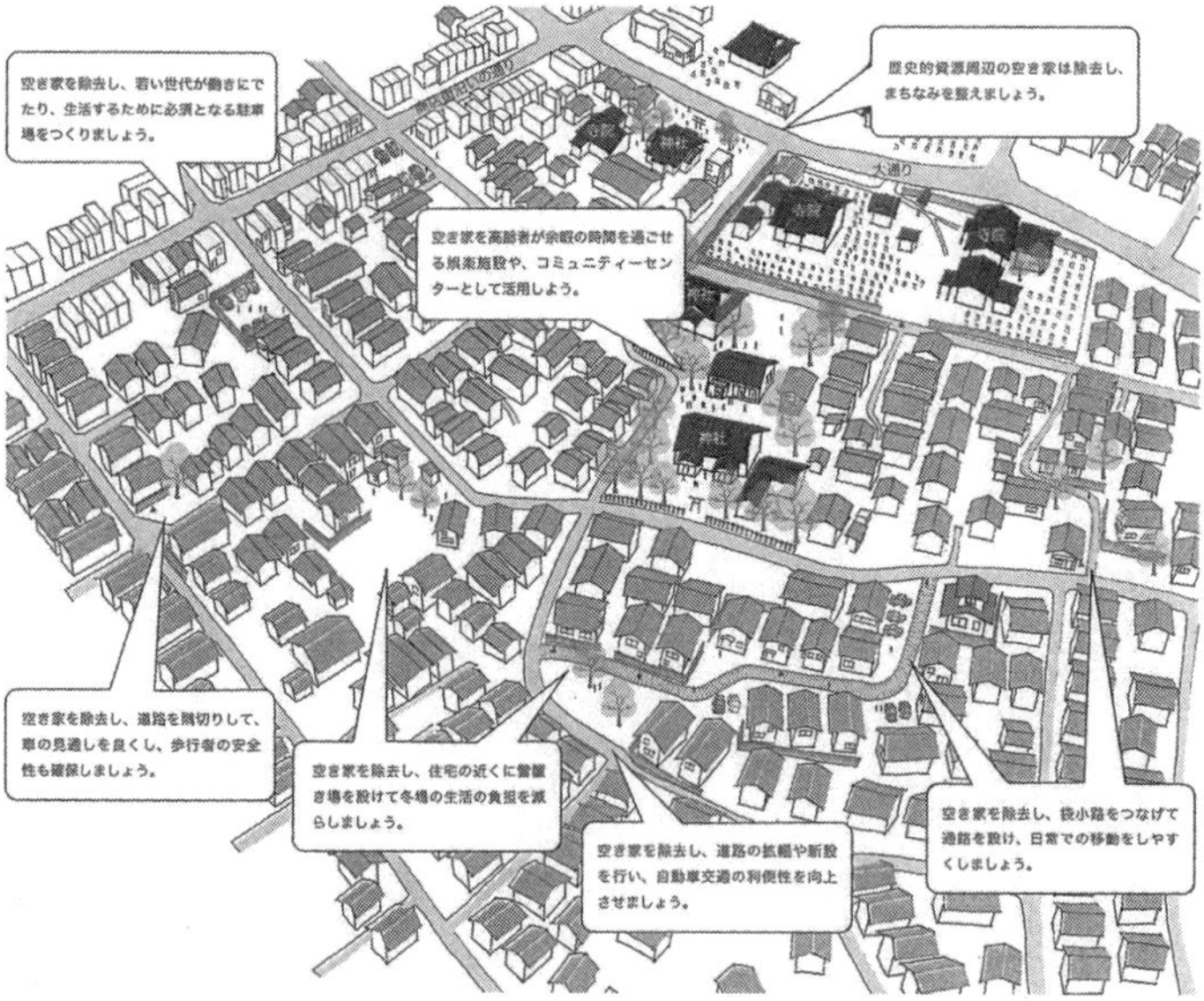

図４　まちづくり計画イメージ

雪量の多い地域性を反映して、道路の沿線の空き家を除去して冬期は雪置き場に、夏期はポケットパークや駐車場になるような空間をつくるという考え方である。

④まちづくり計画イメージは③の活用策を地図上に落とし込み、将来の地区の空間的なイメージを示したものである。空き家はランダムに発生するものなので、場所を特定することは出来ず、あくまでもスケッチが示されている。また、全てが建て替わるわけではないので、整備の方法としては修復型、修繕型であり、地区の空間が大きく変わらないということが示されている（図４）。

この空き家活用まちづくり計画を実

現する手法として考えられたのが「ランド・バンク事業」である。ランド・バンク事業の正式な名称は「小規模連鎖型区画再編事業」という。S町のようなやや密集した住宅地において、空き家や空き地の寄付や安い価格での売却を受け、建物解体や更地化を行い、都市施設をつくったり、ニーズがあれば転売をして有効活用を図る事業である。行政が建物解体や更地化に対する僅かな補助金を準備しているが、土地の転売などを行政は簡単にはできないため、T市の宅建業業者が中心となったNPOが設立され、NPOと行政の協力関係のもと、ランド・バンク事業は運営されている。本稿の執筆時点で事業はスタートしたばかりでまだ数件の実績しかないが、こつこつと取り組みが進められている。

空き家活用まちづくり計画とランド・バンク事業の特徴

以上の空き家活用まちづくり計画とランド・バンク事業の特徴を、プロジェクトYの特徴ともあわせながら整理し、「都市をたたむ方法」がどうそこに現れているのかを見てみたい。

①目標と手法が選択的に示される

都市をたたむ方法において、個々の空間の用途が混在することはプロジェクトYで見た通りである。そして、スポンジ化でランダムにあらわれる空き家に対して、プロジェクトYのような用途の混在を前提として、様々な用途の選択肢をメニュー的に示したのが、空き家活用まちづくり計画の「空き家活用パターン」である。S町で空き家が生まれたら、人々は「空き家活用パターン」を参考にし、それらを組み合わせながら実現することになる。大都市郊外のプロジェクトYの場合は、シェアオフィスやコミュニティレストランといった用途が組み合わされたが、より開発のポテンシャルが低い地方都市のS町においては、そこに空地にするという選択肢、都市施設をつくり出すという選択肢が加わっているわけである。

もちろん、空き家活用まちづくり計画に空き家の用途を強要する権限や財源があるわけではないので、どういう用途を混在させるのかについての主導権は最初から最後まで個々の所有者にある。「まちづくりの目標」と「空き家の活用策」は、その時の参考や根拠の一つになるように示されている。プロジェクトYでは、「まちづくりの目標」をワークショップやオーナーとの対話の中から見いだしていったわけだが、空き家活用まちづくり計画では、S町に住む人たちが考えているまちの将来像が最初のたたき台として示されているわけである。

②小さな空間をつなぎ合わせて都市施設をつくる

プロジェクトYでは、ブロック塀を壊して、敷地にある建物を街路に開くことによってそこに新しい界隈をつくり出した。小さな空間ではあるが、新しい都市施設が誕生したわけである。そして、このような小さな都市施設をつなげていき、地区に不足している道路等の都市施設をつくりだそうと考えているのが、空き家活用まちづくり計画とランド・バンク事業である。空き家の発生はランダムであり、個々の空き家の持つ時間軸は異なる。一つ一つの状況をきめ細かに読み取り、それぞれごとに「空き家活用パターン」を組み立て、それぞれの独自の時間軸をデザインし、その中で生まれてくる小さな空間をつなぎあわせて都市施設を生み出していくことになる。そして、10年、20年、あるいはそれ以上の時間をかけ、ランダムに発生する空き家や空き地の動きをつなぎあわせて都市施設が実現することになる。つまり、超長期にわたって都市施設をつくりつつ、その上でプロジェクトYのような5年や10年といった短い時間軸で空間が入れ替わっていくわけである。

③寄付をモチベーションとして都市をつくる

プロジェクトYは、市場と貨幣を必要最小限に使って、脱市場的に実現された。しかし、マンション業者が足繁くオーナーに通っていたという状況からも分かる通り、大都市の郊外ではまだ不動産市場が活発であり、プロジェクトYは、選択肢の一つとして脱市場化を主体的に選びとった、という表現が正確である。

一方で人口減少が決定的となっている地方都市においては、既に不動産市場が縮小しつつあり、好むと好まざるにかかわらず、脱市場化してしまった状況にある。S町における空き家活用まちづくり計画とランド・バンク事業の取り組みは、こうした状況において、市場と貨幣を介さない「寄付」という方法で土地を得て、そこに最小限の公共投資で都市施設をつくり出し、その集積によって地域の価値をあげ、不動産市場を再生していくという取り組みである。そこで目指すのは、高度経済成長期のような、ただ拡大する不動産市場の再生ではない。空き家活用まちづくり計画の4つのまちづくりの目標が実現出来る程度の、生活に根ざし落ち着いて持続的に暮らしていける環境を支える不動産市場である。ランド・バンク事業にはT市の不動産業者も参加しており、行政とともにそういった持続的な不動産市場を実践的にデザインしている。

かつて、地域の価値をあげるために都市施設をつくり出す手法は、土地区画整理事業であった。人口増加社会において、土地の持ち主は、自身の土地の形を整え、そこに道路等の必要な都市施設をつくることで、自身の土地の価値をあげる。土地の持ち主は、増えた人口に土地を売却することによって利益を得、行政はその都市施設を公的投資なしに得るというかたちでバランスがとられ、土地区画整理事業は誰も損をしないように設計されていた。しかし、こうした手法が成立する地域は減り、地方都市のS町においては、空き家や空き地の寄付によって必要な都市施設をつくり、地域の価値をあげることが目指されている。空き家の持ち主の「もう使わないから公的に有効活用してほしい」という弱いモチベーションと、都市施設を公的投資なしに得るということのバランスがとられ、土地区画整理事業と同様に空き家活用まちづくり計画とランド・バンク事業は、誰も損をしないように設計されている。

こうした、都市施設をつくり出すという気の長い取り組みの上に、プロジェクトYのような一つ一つの脱市場的な事業が展開していくことが「都市をたたむ手法」であり、そこに「都市をたたむ時代」における持続的な不動産市場のあるべき姿が見えて来るはずである。

――スポンジ対コンパクト

第4章の冒頭で述べたように、政府は「コンパクトシティ」を掲げ、様々な施策を展開しつつある。理想主義のコンパクトシティに対して、本章で述べてきたことは現実に否応無しに進んでしまうスポンジ化にあわせて、都市をたたんでいくという現実主義の方法であると言える（図5）。この現実主義の方法を仮に「スポンジシティ」と呼び、最後に、2つの取り組みから見えて来た現実主義のスポンジシティの強みと弱みを、コンパクトシティと比べながらまとめておこう（表2）。

①市場と貨幣をどう使うか

コンパクトシティの理想にあわせて、人々の住まいや働く場所をあるべきところに動かそうとすると、都市を拡大する時と同様にもう一度貨幣を使わなくてはならなくなる。税による再配分でそれをまかなうだけでなく、市場を使い、貨幣を介在させることになる。スポンジシティでは、市場を使わず、貨幣をなるべく介在させずに必要な資源を集めて開発を進める。個々の小さな開発で貨幣を代替するものは人々の社会的なつながりであり、貨幣には、人々が社会的

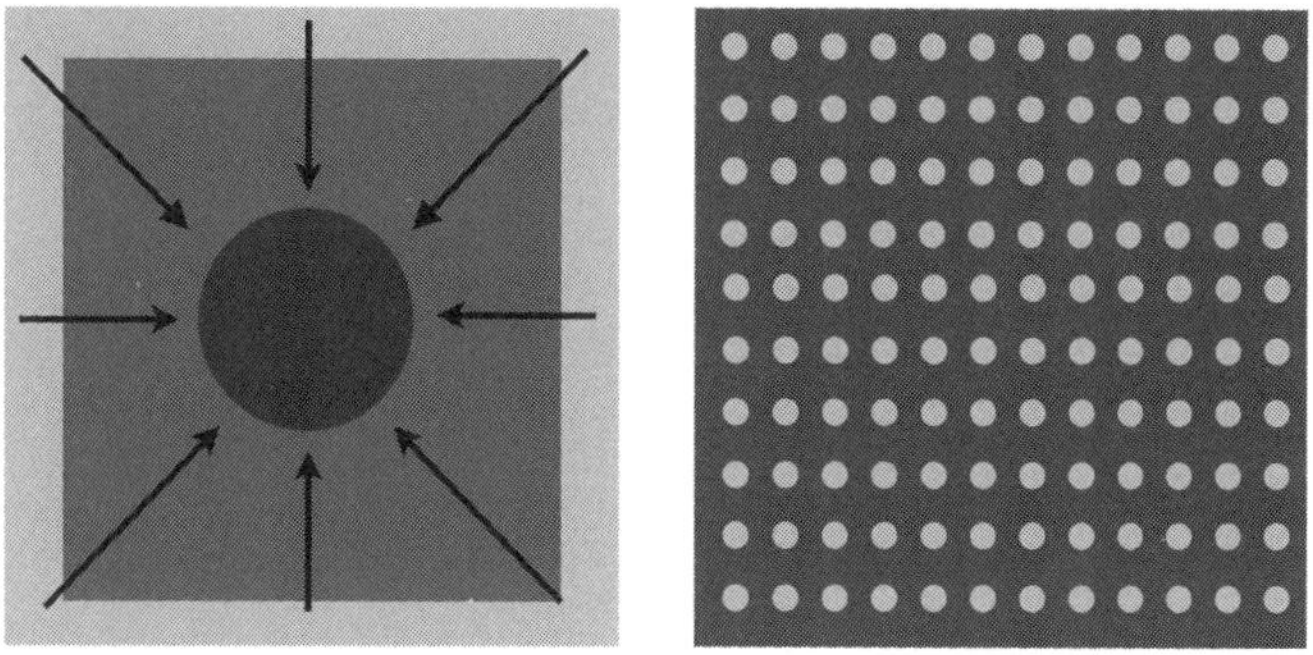

コンパクトシティ　　　　スポンジシティ

図5　スポンジ対コンパクト

	コンパクトシティ	スポンジシティ
市場と貨幣	もう一度介在させる	なるべく介在させず、人々の社会的なつながりによって資源を調達する
時間の使い方	中期的な時限を定め、計画的に実現する	短期で時限を定めた小さなプロジェクトを連続させながら、長い時間をかけて実現する
空間像	中心性をもった分かりやすい都市空間像	用途が混在した敷地がランダムに混在した乱雑な都市空間像

表2　スポンジ対コンパクト

なつながりによって調達した資源を交換するための潤滑油としての役割のみが期待される。都市の基盤も貨幣をなるべく介在させずにつくられる。その基本となるのは、「公的な目的のための寄付」であり、人々が自身の住まいや働く場所として私的に利用していた土地は、寄付を通じて公的な土地に還り、そこにその地域が持続的に続いていくための公的な空間がつくられる。その時にも貨幣は最小限しか介在しないが、こうした公的な空間の集積によって地域の価値があがり、持続的な、身の丈にあった不動産市場が再生されていくことになる。

②どのように時間を使うか

コンパクトシティは、例えるならば時限を定め、適切にペースを配分して走り切る中距離走のようなものである。一方のスポンジシティは、例えるならば走者が短距離でバトンをつなぎながら、全体としてはゆっくりと走り続ける長距離走のようなものである。都市はそこにどのように孔があくのかがわからないランダムさを持つ。孔があいたところにある個々の土地の持つ時間軸を読み、短期ではあるが豊かな空間を実現化することと、小さな公的な空間をつなげていき、地区に不足している公的な空間をつくりだすことになる。結果的には10年、20年、あるいはそれ以上の時間がかかることになるし、もしかしたら永遠にゴールに辿り着けない可能性もある。

③どのような空間が得られるか

このようにしてつくられるのはどのような都市空間だろうか。コンパクトシティは中心性をもった分かりやすい都市空間像を提起するものであるが、スポンジシティでつくられる都市空間は、一つ一つの敷地で用途が混在し、そういった土地があちこちにランダムに混在した空間が広がっている。それぞれの土地は、合成された「弱いモチベーション」のために使われ、都市計画には用途を強要する権限や財源がなく、それぞれの土地に対して様々な用途の選択肢をメニュー的に示すものになる。その選択肢には、空き家や空き地の用途を転換するという選択肢に加えて、そこに空地にするという選択肢、都市施設をつくり出すという選択肢がある。このようにして出来上がる都市空間は、乱雑な、混在したものであり、インフラストラクチャーはコンパクトシティが目指すものよりも非効率的である。

コンパクトシティとスポンジシティのどちらが豊かな生活を送ることが出来るだろうか？

本書の冒頭で述べたとおり、都市は人々が豊かに暮らすための手段であって目的ではない。私たちがこれから豊かな暮らしをデザインしていく時の都市像として、コンパクトシティとスポンジシティのどちらがよく応えているだろうか？

第6章　災害復興から学ぶ

――人口減少時代の災害復興

２０１１年、日本の歴史でも類を見ない巨大災害が起きた。いくつかの都市では戦後から現在にかけて形成された市街地が丸ごと被害を受けた。70年ほどかけて人々が自身の労働時間の再配分と交換を繰り返してつくり、ようやく手に入れた市街地が一瞬で失われたわけである。日本の災害史の中でこれほどの規模、都市が全て消失するほどの災害は無かった。この災害からの復興はどのような意味を持って語ることができるのだろうか。

東日本大震災は日本の人口が減り始めてから初めて起きた地震災害である（図1）。これまでの地震災害は人口増加時代に起きている。単純化すれば、都市部であれば空間だけを復興しておけば、人が住まい、産業が埋まっていく。農山漁村であれば、そこに都市部で稼いだ税を多めに配分することで、元通りの空間にすることができた。しかし人口減少時代にそれは期待できない。復興に成功したとしても都市部の人口は確実に減少するし、農山漁村には公共投

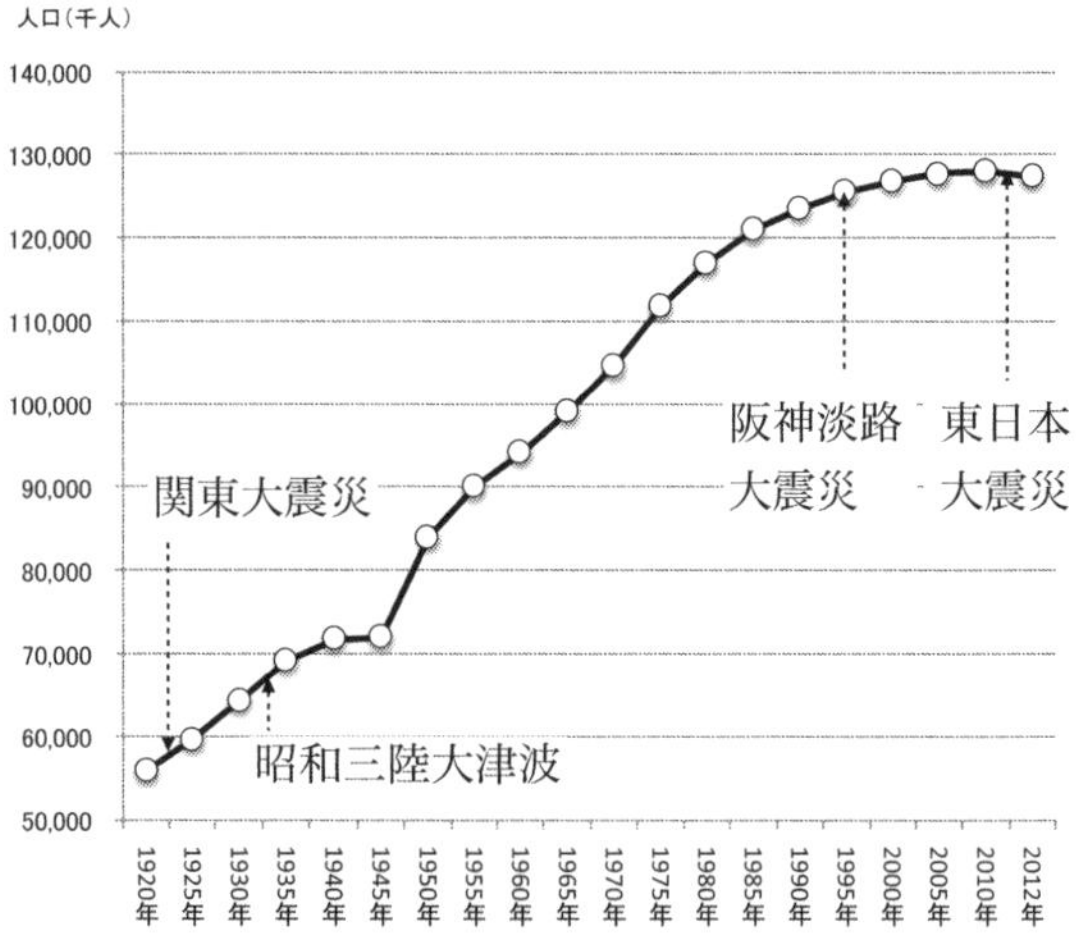

図1　主要な災害と日本の人口数

資が出来ないかもしれない。

もし、東日本大震災が1／10くらいの規模で、原子力発電所の事故も引き起こさなければ、日本の社会はこれまでの災害復興と同じように、被災した地域に集中的に税を配分して、人口減少の問題を覆い隠すことが出来たかもしれない。しかし、東日本大震災はもともとの人口減少地域を広範囲にわたって襲い、人口減少地域の抱える問題を早回しで顕在化させた。東日本大震災の復興を考えることは未来の問題を考えること、この本で扱ってきた人口減少の問題を考えることにつながる。本章では、災害から4年が経過した現在、そこに見えてきた復興の姿を通じてこの問題を考えていきたい。

人口増加時代の災害復興

日本建築学会誌は2013年3月に「近代復興」という言葉を仮説的に出し、以下のようにその特徴を整理している[1]。

①政府―官僚主導型で、開発を前提とし、迅速性をよしとする
②被災地には現状凍結を要請し、基盤整備を優先する
③政府が供給する仮設住宅、そして復興住宅へという単線型プロセスが用意される
④政府の事業メニューは標準型であり、しばしば事業ありき、の発想となる
⑤わが国では1961年の災害対策基本法の制定によって枠組みが整えられ、阪神・淡路大震災までに完成した体制である

この近代復興という言葉を通じて、都市拡大期における復興の方法を整理していこう。「復興」という言葉からまず連想されるのは目に見える空間の復興である。崩れた道路を直す、燃えてしまった住宅を再建する、倒れた防潮堤を再建する、といったものである。しかし、目に見える空間を復興したら社会は復興するのだろうか。目に見える空間の復興を通じて、私たちは本質的には何を復興しているのだろうか。

近代復興の形成史に大きな位置を占める関東大震災の復興をみていこう。関東大震災は1923年9月1日に発生したが、地震の揺れによる建物被害だけでなく、その後の大火災による被害の大きさで知られている。火災は46時間にわたって続き、10万5千人がなくなり、東京の都心に広大な焼け野原が出現した。後藤新平が帝都復興院総裁として活躍したのがこのときである。後藤の復興の方法はどのようなものだったのだろうか[2]。

後藤は関東大震災の少し前の1920年に東京市長となり東京の都市計画に取り組む。1921年にはその2年前に制定されたばかりの都市計画法を片手に「東京市政要綱」という東京改造のビジョンを策定している。江戸の都市空間を引き継いでいた東京を大改造し、首都にふさわしい都市空間をつくり出すことを目指すものであり、当時のお金で約8億円を必要とする計画であった。東京市の年間予算を遥かに超えた規模であったため、東京市政要綱は一度はお蔵入りするが、それは結果的に関東大震災のあとの復興都市計画の事前のスタディになったと言われている。

関東大震災の直後に発足した山本内閣において後藤は内務大臣に就任し、短期間で「焼土全部買上案」と呼ばれる、50億円の構想を書き上げる。東京市政要綱よりはるかにスケールの大きいこの計画の問題はその実現手段である。当初後藤は政府によって被災した土地を強制的に買い上げ、そこに政府が主導して理想的な都市を建設し、「適当、公平に売却、貸付をする」という手段を想定していた。これは、税——この場合は公債——を財源とする再配分型の方法

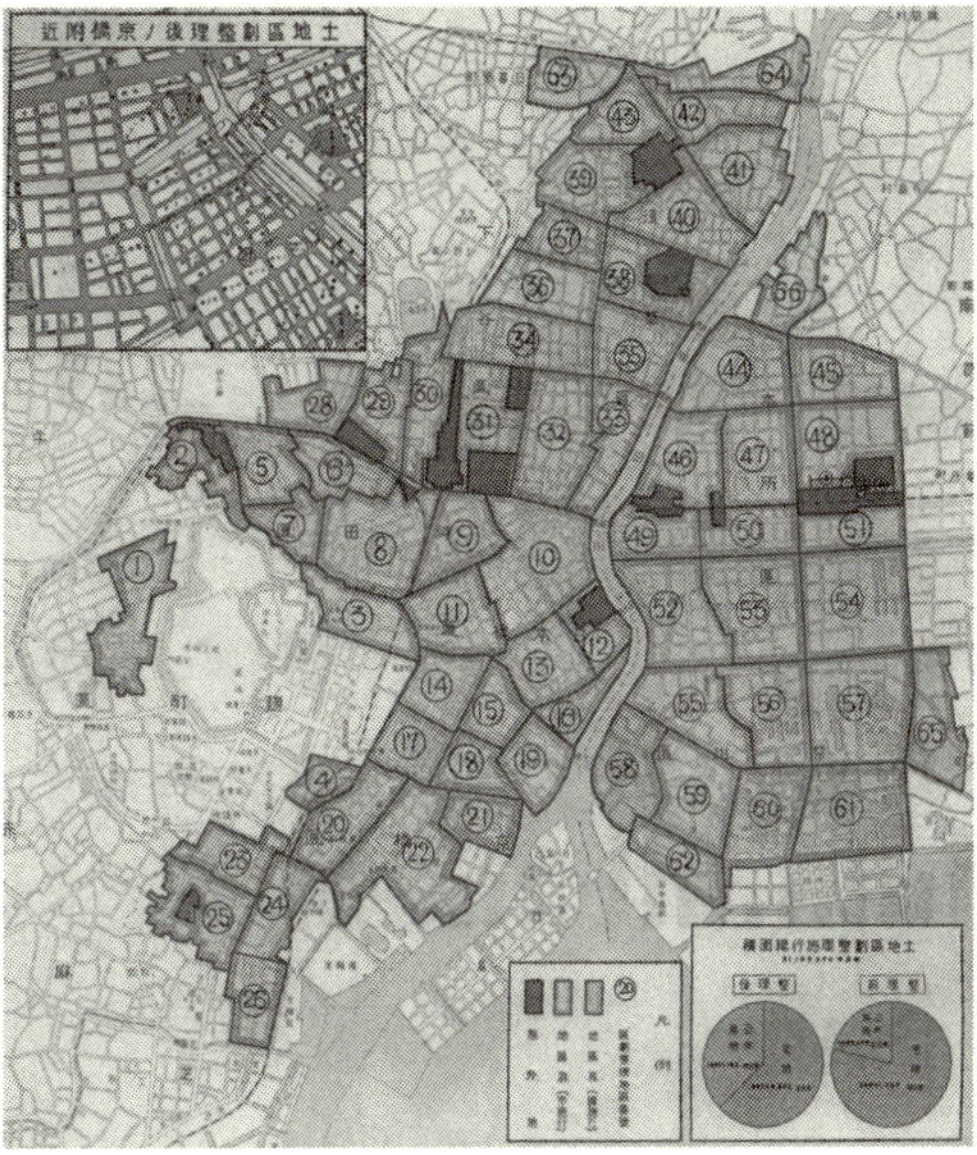

図2　復興区画整理区域図（「帝都復興事業圖表」東京市、1930年より）。被災地を62の区域に分けて区画整理を行なった

で都市をつくるということである。これに対して、政府の側からも民間の側からも強い異論が出る。政府の側からはその重すぎる財政負担について、民間の側からは土地を政府に強制的に収用されてしまうことに対する不満である。結果的に後藤の当初の復興計画は規模や内容の面で大幅な修正を迫られ、実現手段としては、土地の持ち主が土地の交換分合を通じて都市をつくり上げる区画整理手法が採用されることになる（図2、図3）。

区画整理手法は関東大震災前の１９２１年の四谷、浅草の大火復興で既に使われており、そこでの経験が広い範囲で使われることに

図３　区画整理の例（「第八地区換地位置決定図」帝都復興区画整理誌、東京市、1932 年より）。図２の第８地区の詳細な計画図の一部。黒地が新しく追加された道路である

なった。それは人々の土地を入れ替えること（換地）と、土地を少しずつ出し合って道路や公園といった公共施設の用地をつくり出す（減歩）という方法である。土地を収用せず、もとの地権者がそのまま使うことが出来る、という意味では民間の側の意向をふまえたものになっているが、各種の公共施設は、それぞれの土地の所有者が少しずつ出し合った土地をまとめた上につくられ、政府にとっては土地取得のお金を使うことなく道路や公園をつくり出すことができる。そのため、道路や各種の公共施設が立派なものであればあるほど、地権者の負担は大きくな

るという問題があり、そこには常にせめぎ合いがある。

後藤の当初の構想には首都にふさわしい壮大な道路計画が含まれていたが、その計画は地権者とのせめぎ合いと、政府と地権者のせめぎ合いの中で縮小していく。当初の買い上げ案よりは地権者の意向にあわせたものであったとはいえ、区画整理事業そのものに対する地権者の根強い反対もあった。結果的に様々な反対と、縮小と、計画の調整を乗り越えて区画整理事業は完成する。靖国通りや昭和通りをはじめとする東京の都心部の骨格的な道路はほぼこの時期につくられており、理想通りであったかは別としても、現代にいたる自動車社会を見越した東京の空間をつくったという意味で高く評価される(3)。

関東大震災の復興において、最終的に区画整理事業が選択されたことは、後につづく近代復興に大きな影響を与える。近代復興の実現手段は関東大震災の当初の買上案に象徴される「財の再配分型」の復興ではなく、そこに「財の交換型」が混合されたかたちで実現していくのである。

そして更にもう1つの混合がある。それは「バラック」と呼ばれる「有り合わせの材料でつくられた応急的な建築」、要するに掘建て小屋の存在である。

関東大震災の直後から、人々はとりあえず雨露をしのぐための住宅や仕事の場として自分が使っていた土地に、バラックをどんどん建てていった。こうしたバラックは理想的な復興の障害になるし、将来的にはそれらがスラムになってしまう可能性がある。しかし一方で、政府がバラックにかわる仮設の住居や仕事場を全ての被災者に提供できるわけではないので、バラックが無いと応急的な住居や仕事場が不足してしまう。結果的に政府は災害から2週間後の1923年9月16日に「バラック令」という仮設建築物の建設を認める詔勅を出すことになる。

当時の建築の基準は市街地建築物法という法律によって定められていたが、バラック令はその基準を引き下げること、具体的には用途地域への適合、接道の義務、建築線からの突出の禁止、建築物の高さと配置、防火地区といった規定を外すものであった。政府によってつくられた公設バラックもあったが、大多数の雨露をしのぐための住宅や仕事の場は民間のバラックにより実現した。つまり、都市空間の復興と、仮設的な空間の復興の2つのレベルにおいて、「財の再配分型」に「財の交換型」が混合するかたちで復興は進められたのである。

なお、バラックは当初は掘建て小屋のようなものが多かったと推察されるが、平常時の建物と変わらないものも少なくなく、バラック令に基づく建物、あるいは市井の人々が「バラック」と呼ぶ建物が「掘建て小屋」であるわけではない。

この、2つのレベルにおける混合の意味を考えてみたい。

区画整理事業とバラックの意味

区画整理事業は、都市防災上の視点で見れば、二度と災害にあわない安全なまちをつくるために、延焼を防ぐ広い道路が入った空間をつくり出すものである。しかし別の視点で見れば、それには小さな不動産市場の基礎をつくり、市場の力、すなわち交換を主として復興するための環境を整えるという意味がある。区画整理事業は災害前の都市空間を高い性能を持つ都市空間に変換し、道路に面した沢山の土地をつくり出す。個々の土地を、市場で交換可能な、交換しやすい財に変換するのである。それを手に入れた被災者は、まずは自身の居住や仕事のために空間を活用し、やがてはその空間自身を他の大きな財と交換するようになる。被災者は土地を足がかりとして、経済の仕組み、そして都市を成長させる仕組みそのものを復興させるのである。

バラックは、このような都市を成長させる仕組みの中で、そこに暮らす人たちが、とりあえずの仮店舗を設けたり、寝泊まりする場所を設けたりするなど、自身の労働時間を貨幣と交換するための基盤をいち早く整えることを意味している。災害後に「理想都市をつくるから」という理由でバラックを制限することは、こうした労働時間と貨幣のいきいきとした交換を制限することにつながる。そうなると、人々は商売も暮らしも凍結させ、その間は政府に頼って暮らすことになるし、凍結させられている間に、自分の商売のお客さんを他の人にとられたり、災害復興の過程で生まれる様々な需要にこたえて新しい商売を展開するチャンスも逃してしまう。逆にバラックがあると、新しい商売を始めることが出来るし、得た稼ぎをさらに自分の財産であるバラックに投資して、それを立派にすることが出来る。

第1章でも取り上げた東京の神田は関東大地震の最大の被災地の1つであるが、そこを見る

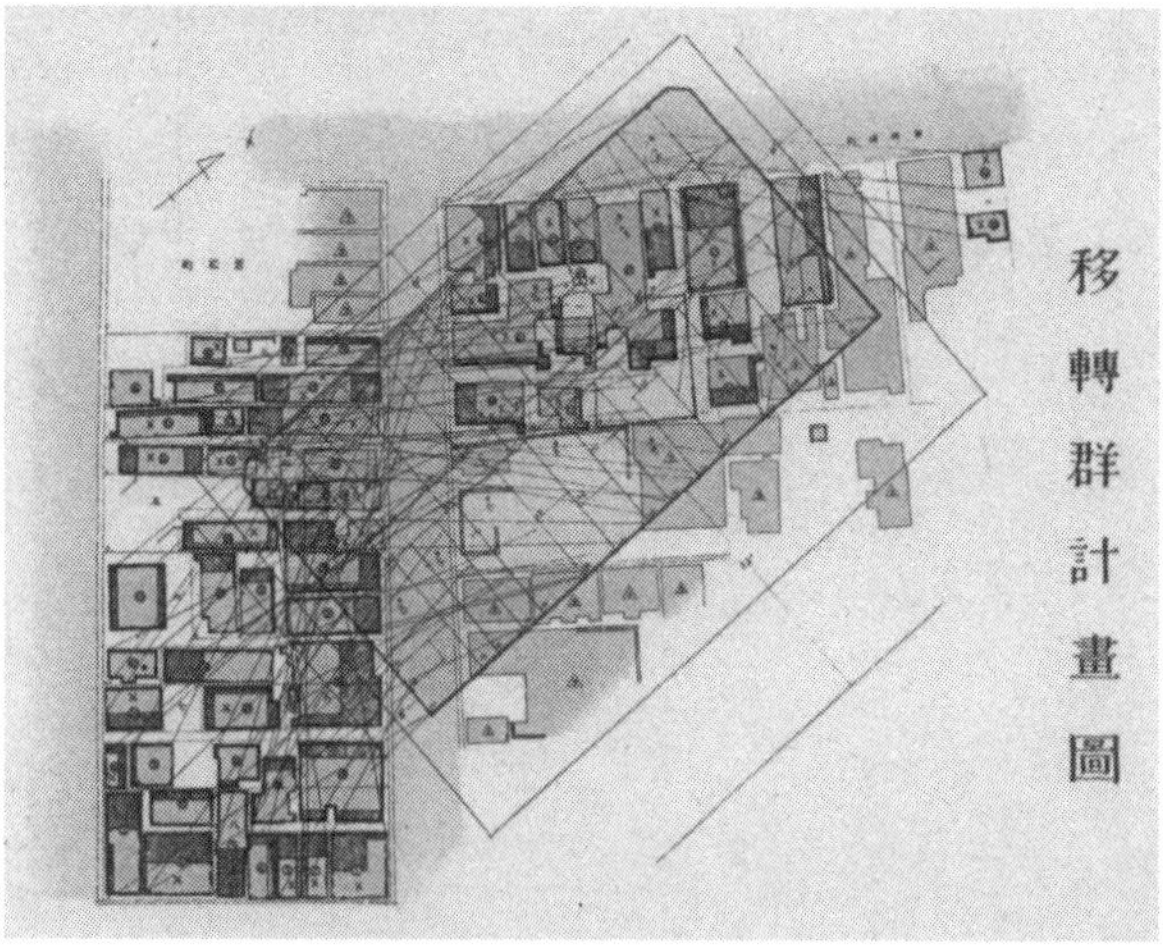

図４　土地区画整理執行順序・移転群計画圖（「帝都復興事業圖表」東京市、1930年より）。ある街区を例示して建物を区画整理後にどうおさめたのかを示した図である

とこの仕組みのはたらきは明らかである。災害の直後にそこにはバラックが建ち並んでいたが、やがてそれらは速いスピードで様々な建物に交換されていき、災害から90年が立った現在では高性能の建物がここに集積している。結果的に防災性能の高い街の実現につながったのである。

　なお、バラックはすぐに建てることができるが、区画整理事業の計画をつくるのには時間がかかり、２つの仕組みの完成には時間差がある。関東大震災ではまず焼け跡にバラックが建ち並んだ後に、区画整理事業の計画が決まった。つまり、バラックが建ったところにあとから道路が出来ることが決まる、自分でバラックを建てた土地が別のところに換地されることが決まる、そこには別の人のバラックが建っている、といった問題が起きた。

この問題を解決したのが、牽家《ひきや》の技術である。(4) バラックと区画整理事業のギャップは、既に建っているバラックを地面から取り外し、パズルを解くようにあちらこちらに引っ張って動かすことによって最終的に調整された（図4）。区画整理事業の中で移転した建物は、実に20万3000棟と言われている。(5) 新たな土地に置かれたバラックが様々なものに交換され成長していったのが、現在の神田の町である。

区画整理＋バラックモデル

この2つの仕組み、区画整理事業とバラックが、近代復興の中心的な手法となる。そして、この2つは時代が下るにつれて洗練されていくことになる。

区画整理事業はどんどん精緻化し、関東大震災の復興過程で育った多くの技術者が再び全国の戦災復興事業の中で腕をふるうことになる。(6) 戦後は相対的に地震災害が少ない時代ではあったが、大火の復興でも区画整理事業は適用され、熱海大火（1950年）、鳥取大火（1952年）、伊豆大島大火（1965年）、酒田大火（1976年）等の復興において区画整理事業が使われている。また区画整理事業は災害にかかわらず、農地を都市に転換する時の手法として、あるいは既成の都市を転換する手法として使われ、「区画整理は都市計画の母」ともよばれるようになる。

一方のバラックは、制度化された「応急仮設住宅」に飲み込まれていくことになる。災害のあとに政府が仮設住宅を供給するという仕組みは関東大震災の後にも存在し、それはバラックの解消のために使われた。その後のいくつかの取り組みを経て、1947年の災害救助法によって「応急仮設住宅」が制度化される。災害が起きると、人々はバラックのかわりに仮設住宅を求めるようになり、それは政府が供給するものである、被災者の仮の住居や住宅をつくることは政府の役割であるという認識が一般的になる。これは1995年の阪神・淡路大震災で大規模な仮設住宅団地が出現したことで一般の人たちに浸透し、東日本大震災でもその建設場所や時期が大きな議論になった。

既述の通り、バラックと区画整理事業の時間のズレの調整は、牽家という極めて現実的な、乱暴な方法で調整されていたわけだが、バラックが応急仮設住宅に飲み込まれる過程で、その調整は不要になっていく。近代復興の「被災地には現状凍結を要請し、基盤整備を優先する」という方法が徐々に徹底されていくことになる。そしてその過程で、「まずは有り合わせの材料で建物をつくって商売を始めよう」「最後は建物を牽いてしまえばよい」というような、一種の野生が失われていく。あれほどの規模の阪神・淡路大震災であっても、東日本大震災であっても、被災地に「バラック」と呼べるものはほとんど出現しなかったのである。

この区画整理＋バラックモデルは何を復興しているのだろうか。2つの図を使って見てみよう。

図5に示す通り平時の社会では、人々が稼いだ資本が空間に投資され、安定した空間がそこに様々な目に見えない人のつながり――これをソーシャルキャピタルと呼ぶ――を育む。人々はそのつながりをつかってお互いに助け合ったりするほか、新しい仕事に就いたり、新しい仕事を立ち上げたりする。その仕事が再び資本を蓄積し、資本が空間に再投資される。このような平時の社会でみられる、空間とソーシャルキャピタルと資本のよき循環を回復させるのが区画整理＋バラックモデルである。

図6に示す通り災害が起きたあと、最初にバラック（＝仮設空間）がつくられる（①）。被災者はバラックを使ってまずは自身の生活を安定させ、そこを足がかりにソーシャルキャピタルを徐々に蓄積し（②）、仕事をスタートさせて資本の蓄積もスタートする（③）。やがて区画整理事業の話し合いがスタートして計画が確定し、自らの資本を使って（④）住宅や仕事場（＝本設空間）を建設する（⑤）。その段階で、住宅や仕事場を再建できるほどの資本を蓄積している被災者ばかりではないが、金融機関が被災者の土地や労働力を担保にとって必要な資金を融資することになるし（⑥）、公共投資も住宅や仕事場の再建をサポートする（⑦）。

区画整理＋バラックモデルは、壊された空間を復興しているだけに見えるが、このように、まずは生活を安定させる空間をつくり、そこでソーシャルキャピタルと資本の蓄積が出来る仕組みを復興する。そして土地を市場で使える状態にし、それを元手に被災者が市場に参加し、市場を通じて様々なものと交換していく仕組みを復興しているのである。

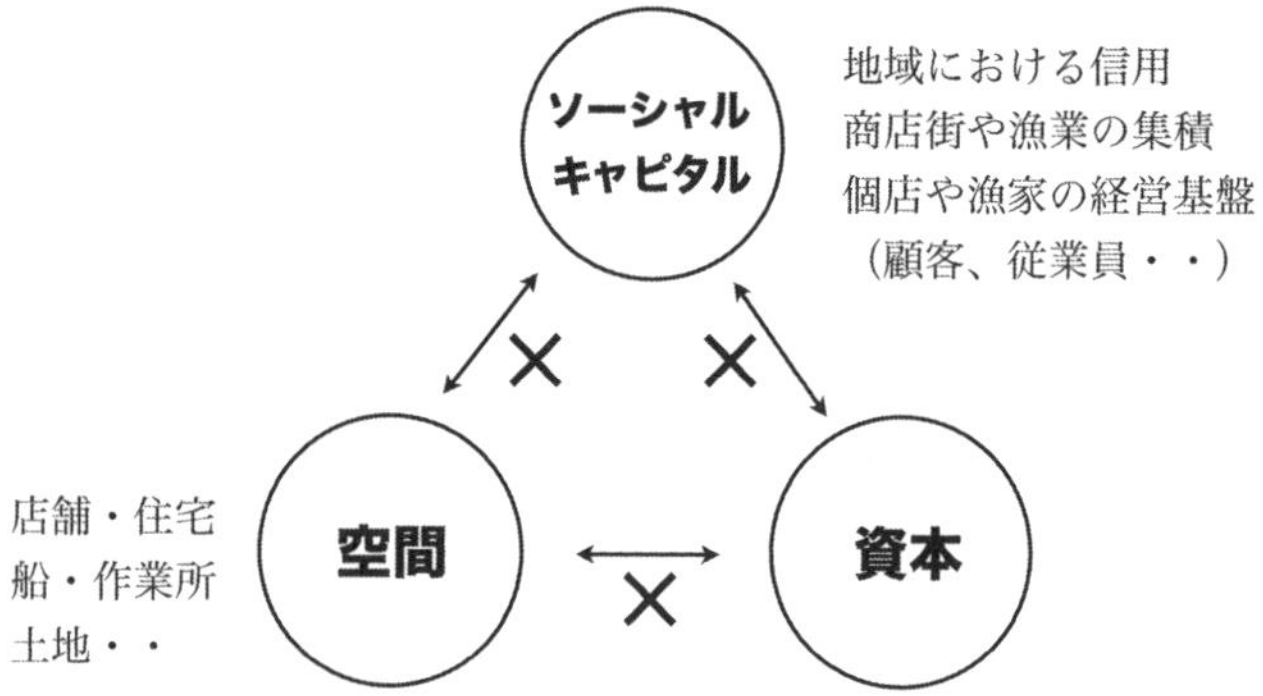

図５　破壊された空間とソーシャルキャピタルと資本の循環

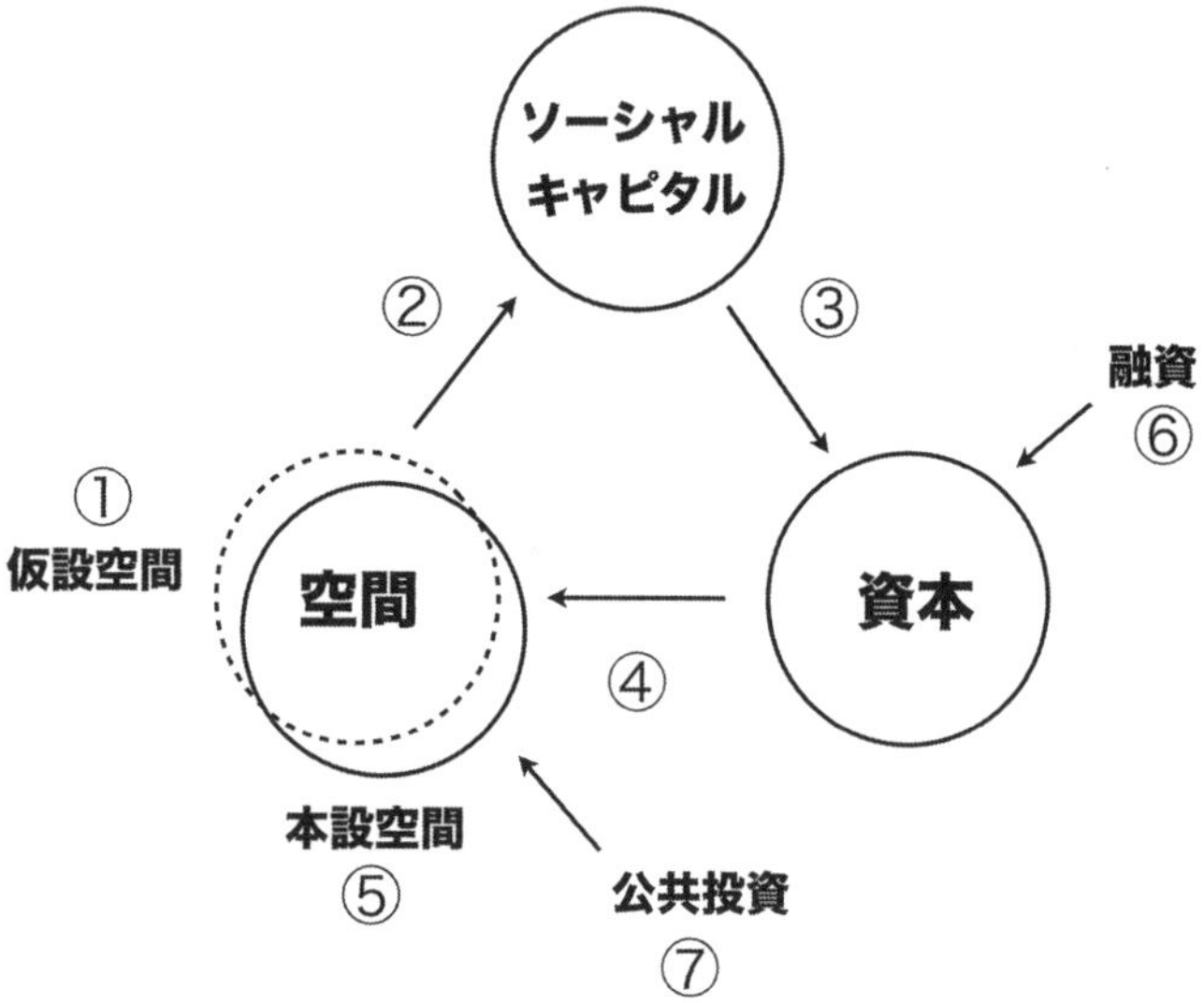

図６　循環の回復と復興過程

復興時には集中的な公共事業が行われるが、公共事業で直接的に復興することが出来るのは公的な空間だけであり、個人の空間と資本とソーシャルキャピタルの蓄積に公共は間接的にしか関与できない。また、空間と資本とソーシャルキャピタルがそれぞれ独自に復活すればよいわけではなく、それらの関係性の復活が重要であり、それは被災者自身の手に委ねるほかはない。そのための、被災者に手渡す財として選択されたのが、バラックと区画整理事業で生み出される土地であり、そこから発生する果実で被災者のソーシャルキャピタルが育まれ、ソーシャルキャピタルで新しい仕事が生み出され、仕事によって資本が蓄積され、資本が空間に投資される、というかたちで3つの関係が少しずつ回復されていくのである。

近代復興は、近代化の中でつくられた復興の方法の体系である。近代化とは様々な制度で起きる変化の総称であり、土地制度、家族制度、産業組織の制度、統治の制度といった、それぞれが密に関係する制度の個々の変化を通じて全体としての近代化が起きる。この近代復興の中心となる区画整理＋バラックモデルは、土地制度の近代化を巧みに取り入れたモデルであり、いきいきとした成長をさまたげないように、都市に集中する力をうまく捌きながら復興を実現した。それは何とか阪神・淡路大震災までは――ぎりぎり人口が減り始める前の神戸においては、うまく機能していたのである。

では東日本大震災においても、区画整理＋バラックモデルは有効なのだろうか。人口の増加や都市の拡大といった大きなモチベーションを失った現在においても有効なのだろうか。区画整理+バラックモデルの有効さを見るための2つの視点を最後に確認をしておこう。

まず第一に区画整理+バラックモデルは、壊された空間だけでなくソーシャルキャピタルと資本の蓄積が出来る仕組みを復興するものであるが、その復興の媒介に「土地」を使うということである。人々は土地を担保に自身を復興させていく。では「土地」は人口減少時代において、はたして復興の媒介となりうるのか、という点が第一の視点である。

もう1つは、戦後の区画整理+バラックモデルの制度化の中で消えていった、人々の「野生」の問題である。それは失われた復興へのモチベーションの問題、個々の人々の復興の目的の問題でもある。関東大震災のあとに人々がそれぞれの才覚でバラックをつくっていった力は、はたして社会に残っているのだろうか。被災者はバラックを建てる力を失い、区画整理で大声で土地の取り合いをする力を失いつつあるのかもしれない。東日本大震災のあとに、別に法律で禁じられたわけでもないのに、バラックのような建物は限られた数しか生まれてこなかった。どのように復興のモチベーションや目的を見いだせるのか、という点が第二の視点である。

——原発被害地の超近代復興

では、人口減少時代の復興は東日本大震災の復興にどのようにあらわれているのだろうか。

東北の復興は、常に「遅れている」という批判にさらされている。実際に、阪神・淡路大震災や中越大震災と比べてもその遅れは明らかである。その「遅れ」は区画整理+バラックモデルを中心とする近代復興の限界からくるものであるが、言うまでもなく、福島の原発事故と岩手や宮城や福島の沿岸部における津波災害を一様に論じることは出来ず、「原発復興」と「津波復興」の2つにわけて復興の姿を考えていく必要がある。2つの復興は、近代復興の転換を迫っているという点では共通しているが、正反対のベクトルを向いている。まず原発復興から見てみよう。

蒸気機関の発明が産業革命の動因であったように、エネルギーのイノベーションは近代化の強い動因であり、原子力発電は近代化がたどり着いた究極のイノベーションであるといえる。そこでは、高度な技術と高度な施設はもちろんのこと、それを動かすための「原子力村」と揶揄される企業組織と政府の組織、土地の制度、家族の制度、産業の組織、地域社会の様々な制度、統治の制度、教育の制度の全てが、エネルギーを生み出すという目的のために高度に組み立てられていた。

そして、その高度さには欠陥があり、津波がその中心を壊したわけである。もし、ただ壊れただけなのであれば、欠陥を修正したものをもう一度つくればよいし、欠陥が修正できないのであればそれをやめてしまえばよい。そのどちらの選択肢も取ることが出来ないのは、事故が収束せず継続しており、より高度な対応を迫る事態が、日々待ったなしでつきつけられているからである。私たちは更新され続ける事故に対して、より進んだ原子力の制御の技術、つまり更なる近代化――これを超近代化とよぼう――を続けなくてはいけない。原発の推進派か廃止派かと問われれば、筆者は廃止派であるが、推進するにせよ廃止するにせよ、そこには超近代化が必要である。

超近代化は技術の問題だけではない。災害前の福島において社会の全てが動員された制度が高度に練り上げられたことと同様に、高度化した技術を支える、より精緻に組み立てられた制度が必要である。その制度は「村」と揶揄されるような、不透明なコミュニティではなく、超近代化されたコミュニティによって維持されなくてはならない。原子力発電を推進することが超近代化で、廃炉にすることがその反対であり、これ以上の近代化はけしからん、という単純な二元論で問題は片付かない。どういう選択肢を選ぶにせよ、福島第一原発が危険な状態を維持し続けている限り、超近代化をするしかないということである。

近代復興は、都市に住む様々な人たちのそれぞれの成長をうまくモチベーションに取り込み、土地を財産として社会を回復していく仕組みをつくり、復興を実現する。しかし、福島の超近代復興は、やっかいなことに、それぞれの人たちから、まず土地を奪い取ったところからスタートしている。人々は放射性物質の汚染によって土地を奪われ、成長するための足がかり、モチベーションの根拠が奪われてしまっている。

そしてもちろん、人口減少は着実に進み、人口が増えるから空間をつくらなくてはいけない、というモチベーションも減る。そこには、多額の公的資金や、東京電力からの賠償金が投じられているが、貨幣は本来は財の交換を仲介する、財の交換を潤滑にし、加速する機能しか持っていない。土地という最大の財を奪われ、交換する財すらない人たちに、交換のための潤滑油だけを渡していても展望は開けない。

そして更にやっかいなことに、福島の超近代復興は、原子力を今よりも高度に制御するという、ただ1つの目的しか持ちえない。その目的を人々はあまり共有することは出来ない。企業組織と政府の組織、土地の制度、家族の制度、産業の組織、地域社会の様々な制度、統治の制度、教育の制度といった、長い時間をかけて形成される制度に、この目的を埋め込むことは見るからに困難である。

こうした困難さを乗り越えて、超近代復興を実現しなくてはならない。近代復興における、被害者に何らかの財を手渡し、そこから発生する果実で被災者のソーシャルキャピタルを育み、ソーシャルキャピタルで新しい仕事を生み出し、仕事で資本を蓄積し、資本を空間に投資する、という復興とは異なるかたちで、新しい循環をつくり出さなくてはならない。

――津波被災地の非営利復興

原発復興が目指さざるを得ないのは近代復興を超えた超近代復興であるが、津波復興は正反対の方向を向いている。近代復興は近代化の一部であるが、復興の遅れの原因は、近代化したはずの様々な制度――土地制度、家族制度、産業組織、統治の制度――が、東日本大震災の被害を迅速に解くほどには、近代化していなかったということにある。

岩手や宮城において近代化しきらなかった制度はどのように復興のスピードを遅くしているのだろうか。統治の制度、建設業の制度、土地制度の3つの制度に注目して見ておこう。

まず、統治の制度の問題である。今回の災害は地方分権推進一括法が制定された2000年以降に始まった地方分権社会における巨大災害である。基礎自治体とコミュニティがここ10年ほどかけて蓄積してきた統治の仕組みが問われたわけであるが、総じて分権後のここ10年の間に蓄積されてきた仕組みが弱かった。さらに、合併の直後であったという不運もあるし、多くの行政職員が亡くなった大槌町や陸前高田市のように、今回の災害によってそれらの蓄積が根本から失われた基礎自治体は少なくない。地方分権社会であるために国や県が復興についての意志決定をすることが出来ず、国や県はコミュニティや基礎自治体の意志決定を待たざるを得ない。そして、基礎自治体とコミュニティの意志決定の遅れがボトルネックとなって全体の遅れにつながっている。地方分権の原理である「補完性の原理」がきちんとはたらけば、コミュニティの統治を基礎自治体が、基礎自治体の統治を広域自治体（県）が、広域自治体の統治を国がサポートするというかたちで綻びは修正されたはずだ。しかし実際は、コミュニティの統治を基礎自治体が放棄しているところが少なくないし、県と市はお互いが管理する施設の復興を並列的な関係で分担しているだけの場合も多い。事実、基礎自治体の復興計画を待たずして、県はさっさと自分たちの復興計画を先につくってしまったのである。

また、地方分権社会とはいえ、基礎自治体が自分のまちに対して税を徴収し、それを財源に据えて復興の公共支出をする、という一見して当たり前の財政の仕組みになっていなかったことも大きな問題であった。基礎自治体は中央政府から支給される補助金を頼りに動かざるを得ず、結果的にはそれぞれの基礎自治体が、膨大な補助金を中央政府に要求するようになる。もし、それぞれの基礎自治体が自分たちの財布の大きさをしっかりと見極められたら、膨大な公共事業は構想できなかったはずである。しかし、それぞれの町の被害が過去に例を見なかったほど甚大であったこともあり、基礎自治体は出来るだけ多くの補助金を中央政府に要求し、結果的にそこには膨大な調整が発生し、復興を遅らせる要因の一つとなった。

次いで、建設業の制度についてみてみよう。顕在化したのは労働力の不足である。建設業就業者数（国勢調査）によれば、岩手県では1996年の9万7498人をピークに2010年はその56・6％の5万5170人に、宮城県では1997年の15万1000人をピークに2010年はその62・7％の9万4638人に、福島県では1995年の13万1315人をピークに2010年はその64・0％の8万4008人に、災害前の東北の建設業は縮小していた。そこに膨大な量の復旧復興事業があらわれたわけであり、どこも人件費の高騰と人手不足に喘いでいる。あちこちの公共事業で入札の不成立が続いていると聞く。東北の建設業の組織が、都市縮小期にむけてダウンサイジングし、相応のサイズになりつつあったことも原因である。

最後に、土地制度の問題である。沿岸部のある地域で集落の共有地に手をつけようとすると、小さな土地に膨大な共有者が居た、という問題が報告されている。そこでは合意形成のコストが膨大になってしまったので、土地収用が検討されている状況だそうだ。このように事業化の過程で、土地所有を近代化するときに無理にあてはめたルールが亡霊のように顔を出すケースがある。こうしたことも、復興を遅らせる要因の一つである。

ここまで「近代化しきらなかったもの」について3つの原因を見て来たが、これを「遅い」と見るか、「あるべきスピードに戻っている」と見るのかで、意味は全然違ってくる。明治維新以降、東北にも近代化の圧力はかかりつづけ、その過程でいくつかの制度や組織は近代化したが、成長をつづけた20世紀いっぱいまでの間、近代化しきれなかった制度が沢山残っている。ガバナンスの制度も地方分権社会がうまく機能するほどにまで近代化しなかったし、土地制度も同様である。建設産業は近代化の過程で組織を巨大化させてきたが、21世紀に入ってからここまで、人口減少時代に向けて既にダウンサイジングが始まっていたのである。

こういったことは、もう人口減少時代に一足早く入りつつあった東北が、人口増加と都市成長とともにあった近代化の段階を超え、近代化の次の段階に入っていた、とも捉えられる。つまり、復興の遅れは、東北で既に顕在化していた、成長から脱却したスピードの遅い人口減少社会の抵抗なのである。

――そもそもどういう社会だったか

では、津波復興はどういう「成長しない社会」を目指していけばよいのだろうか。災害にあう前の、復興で戻るべき東北がそもそもどういう社会であったかを考えてみる。

筆者は東日本大震災が起きた直後に、現地に行くことも出来なかったために、まずは東北のイメージをつかもうと、集められるだけの統計資料で議論をしていた。その時の最初の仮説は「東北は非常に貧しかったため、災害によってもう二度と経済が復活することが出来ないのではないか、復興したとしても、全員が生活保護を受けるような社会になるのではないか」ということであった。それは、東京の目線から見たらあまりにも低い県民所得のデータを読んだ時の仮説であったが、それはすぐさま東北をよく知る人に否定され、さらに実際に東北に通う中であっさりとひっくり返された。

確かに、都道府県の1人当たり県民所得（2009年度／内閣府発表）を見ると、トップは東京都の3907千円、岩手県は2214千円で全体の40位である。しかし見方をかえると、岩手は、東京のように年間390万円を稼いで支出するという生活ではなく、年間220万円を稼いで支出し、それでも豊かな生活を行っていける、という地帯である。390万円と220万円の間にある170万円の差は、「これだけしか稼ぐことが出来ない」という差ではなく、暮らしていく上で貨幣を使用するかどうかの差であると理解するべきである。この差は具体的には何か。東京でも東北でも医療費や教育費はあまり変わらないと思われるので、おそらくは食費と住居費ではないだろうか。つまり東京では、食品や住居を手に入れるために貨幣がなくてはならないが、東北では食品の一部は、たとえば漁師の親戚から魚が大量に送られてくるとか、自宅の裏庭で野菜を育てているとかいったことでカバーされているし、住宅は持ち家である。

食費と住居費は分かりやすい例であるが、もう少し一般化するとすれば、つながりを持った人たちが同じ空間で長く暮らしていることによって顕在化しなくなったサービスや物品の費用の合計である。サービスや物品を手に入れるために貨幣を使わないですむことは、アドバンテージなのである。170万円の差は「見えない所得」とも呼ぶべきものであり、こうした地域は貨幣の所得から見れば貧困地帯なのかもしれないが、そうではなく、見えない所得を多く持つ豊かな地域であったと認識するべきだろう。

このような社会における復興とは、「貨幣の所得」と「見えない所得」のふたつを同時に復興することである。貨幣の所得の復興とは、もともとの所得である2214千円の復活である。職場や仕事を復活することにより、これらは復活することになる。

そしてもう一つ忘れてはならないのは、残る170万円の「見えない所得」の復活である（図7）。

見えない所得を象徴する食費と住居費について考えてみる。食費についてみると、仮設住宅で暮らす被災者から「生まれて初めてスーパーで魚を買った」という声を聞くことがあるが、そこを回復すること、つまり食品の調達にあたってスーパーを使わないような生活を回復することが「見えない所得」の復興である。この復興が出来ないと、被災者はただでさえ苦しいなか、つまり貨幣による所得すら十分に確保できないまま、これまで必要がなかった出費にも苦

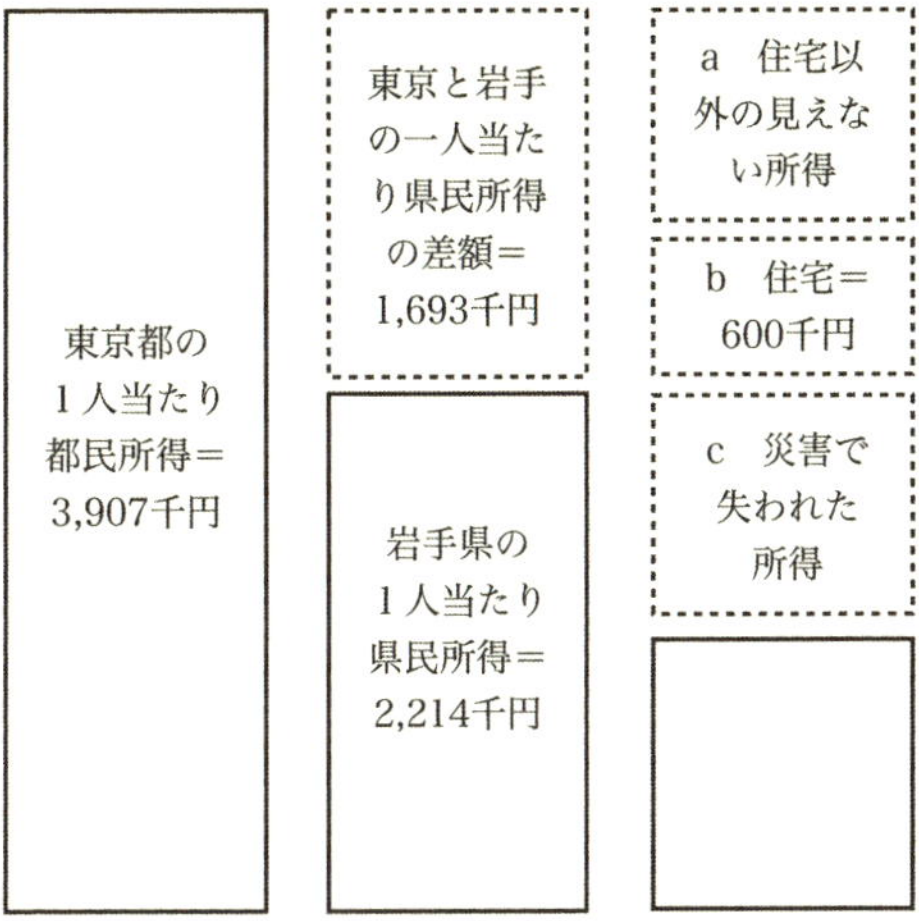

図７　所得の復興

しむことになる。そこを乗り越えることが出来る人たちは限られているだろうから、福祉的な枠組みの中に落ちていってしまう人たちも少なくないことになる。

もう一つの住居費について見てみよう。筆者はグループをつくって被災者にどれほどの住居費の負担がかかるかを試算したことがある[7]。高所移転をして新築した場合、現地にそのまま新築した場合、集落から市街地に移転してそこでアパートを借りた場合、公営住宅に入った場合……と様々なパターンで試算をしたが、結論から言うと、どのようなパターンであっても、１つの世帯の月々の負担は２・５万円～５万円の間にとどまった。どんな選択であってもその差は小さく、その理由はそもそもの土地代が東京などと比べて安価であるため、土地取得と賃貸の差があまり出ないからである。

月々の負担から1年分の住居費を計算すると、30万円〜60万円の支出となる。もともとの社会では、この金額は「見えない所得」でカバーされていたから、復興にあたって住宅をどのようなかたちであれ復興するということは、220万円よりもさらに余分に30万円〜60万円を稼げる社会にしなくてはいけない、ということである。

こうした「見えない所得」がカバーしていたものに対する支出が、しばらくは東北の社会を圧迫する。復興に際して必要なことは3つであり、1つ目は、仕事を回復し、貨幣による所得を回復すること、つまり図7のcの幅をなるべく大きくすることである。ついで、見えない所得でカバーできていたものをなるべく多く復活すること、つまり図7のaの幅を拡げることである。3つ目は見えない所得がカバーできていて、貨幣を使わないと回復出来ない部分として顕在化した住居に対する支出をなるべく圧縮する、つまり図7のbの幅を狭めることである。

そして重要なことは、復興がうまくゆけば、住宅は「見えない所得」となる、ということである。現在の被災地では不動産市場が活発に動いているが、それは一時的であり、住宅が建ち切ったら転居も新築も行われず、市場があっという間に縮小する。つまり、住宅が復活しても不動産市場が形成されるわけではなく、不動産への支出を除く2214千円が交換される市場が復活するだけなのである。つまり被災地は将来的には、仕事の収穫で必要なものを少しずつ購入する、というゆっくりとした経済に戻る。土地は空間と資本とソーシャルキャピタルの関係回復のエンジンにはならず、ただ人々の生活を黙々と支えるだけのものになる。もちろんそ

写真１　低地ですすむ区画整理事業

れは、一つの安定した経済の状態であり、それこそが津波復興が目指すべき「成長しない社会」なのである。

筆者はこの状態を「非営利経済社会」と呼んではどうかと考えているが、そこにいたるまでの復興を「非営利復興」と呼ぶとして、それをどう組み立てればよいだろうか。

非営利復興は都市拡大期の復興手法である「区画整理＋バラックモデル」では解くことが出来ない。なぜならば、区画整理＋バラックモデルは土地を媒介として空間、ソーシャルキャピタル、資本の蓄積とその関係を復興する手法であるからだ。東日本大震災の被災地では、これまでの近代復興と同様に区画整理事業で復興が取り組まれようとしている。(8) しかしそもそも津波は安全な土地とそうでない土地をはっきりと区分するため、区画整理事業で多くの人に等しく土地をあたえることが難しい。たとえ防潮堤が整備されたとしても被災地の土地の市場性があがることなく、土地が活発に市場で取引されたり、その土地を担保に金融機関が融資したり、ということはあまり起きない。交換はお互いに必要なものがあることが成立の条件であり、近代復興では、土地がその一方にあったわけであるが、人口減少時代においては被災地の土地を誰も欲しがらない。

そして何よりも、非営利復興では、土地は復活したとしても「見えない所得」の中に入り、二度と市場に顕在化してこない。そこで人々はどのように復興のモチベーションや目的を見いだすのだろうか？ 土地にかわって人々の間の活き活きとした交換を媒介するものは何なのか？ 交換を通じて「貨幣による所得」と「見えない所得」をどう修復していくことが出来るのだろうか？

――区画整理＋バラックモデルの終わり

区画整理＋バラックモデルによって、仮設の空間から本設の空間までの関係形成がどのように展開されるのか、そしてエンジンが十分に行き渡らずにその流れから落ちてしまうケースがどういうパターンなのかを追いつつ、非営利復興とは何かをみていきたい（図8）。東日本大震災でも、仮設住宅、仮設の仕事場、仮設の商店、仮設の道路、仮設の防潮堤などがつくられ、多くの被災者がそれを使い復興をスタートさせる足場とした。最初に考えられるケースは、こうした仮設空間において十分なソーシャルキャピタルが蓄積されずに復興を断念するケース

（図8の①）である。

次いで、仮設空間においてある程度はソーシャルキャピタルが回復されたが、資本が蓄積されず、仮設空間で安定せざるをえないケース（図8の②）である。例えば東日本大震災では仮設商店街が多くつくられ、災害前からの商店がそこに復活した。ある店主は「工事の人たちに三食出しているから、休む暇がないよ！」とぼやく一方で、ある店主は「災害前のお得意さんはなんとか戻ってくれたけど、災害前から儲かっていたわけではないからねえ……」とぼやく。
②のケースは後者である。
そして、仮設空間においてソーシャルキャピタルが蓄積され、資本も蓄積されたが、本設への投資にはまわらず、ソーシャルキャピタルへ投資され、仮設空間で安定しているケース（図8の③）もある。前述の「休む暇がないよ！」とぼやく店主が、新しく人を雇ってその仕事を拡大するところまでは出来たとして、その先の、空間の投資までは行き着かない、というケースである。

こうした仕事が復活した人たちに、金融機関が融資をすれば本設の空間復興にたどり着き、災害で破壊された3つの要素とその関係が回復する。しかし、そもそも金融機関はこうした人たちに融資をすることが出来るだろうか？　彼らの土地の市場価値はあまり高くなく、担保能力が低い。彼らの事業の将来はどうか、たった今は復興の需要で食堂はフル回転しているが、数年後には確実に無くなってしまう需要である。融資が回収されないケースが多そうである。

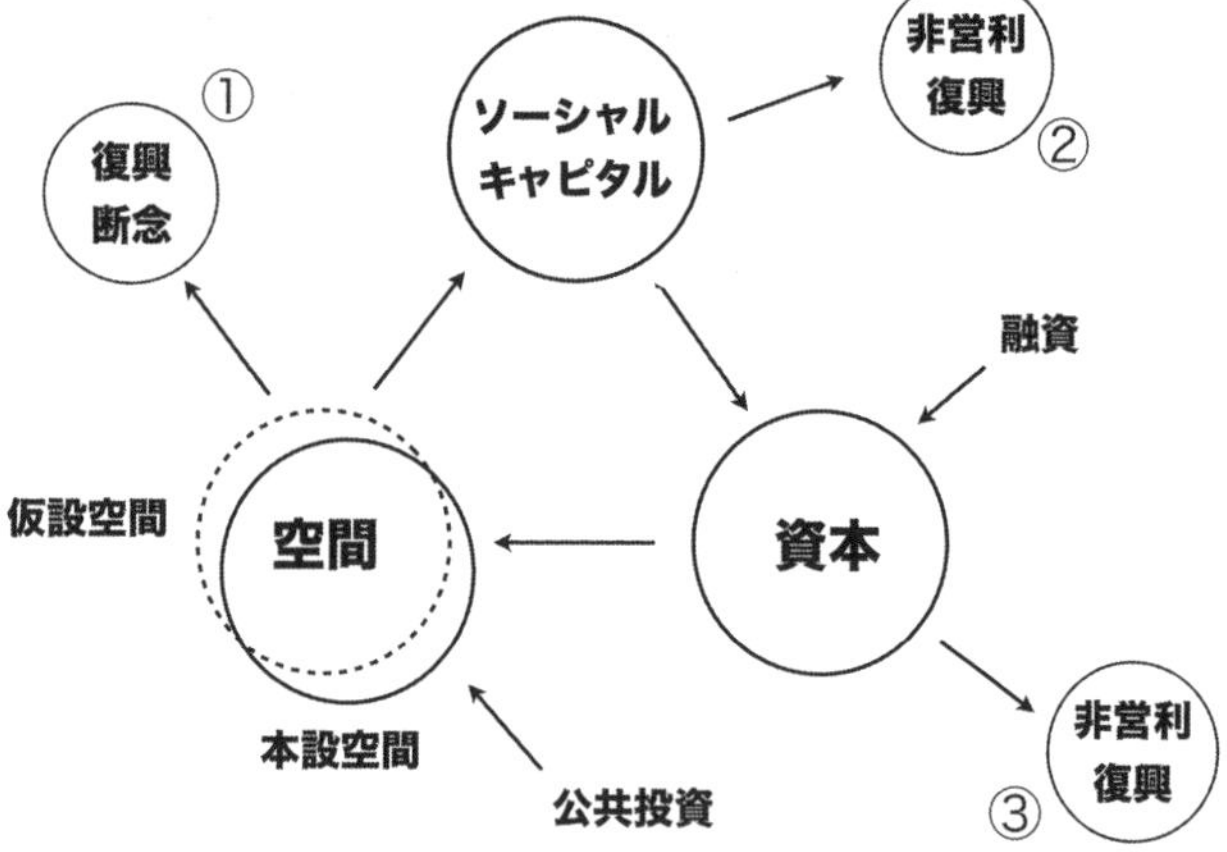

図８　復興過程と非営利復興

こうしたものに対して低利で、かつ返還を前提としないかたちで、被災者救済の公的な意志をもって融資しないといけない状況が広がっている。

３つのケースのうち、①のケースについては福祉の対象として解くしかない。復興を断念せざるをえない理由や個々の状況は個別性が強いため、個々のケースにケースワーカーが丁寧に対応する必要があり、膨大な人的資源が必要である。福祉は最終的には公共が担うので、公的な支出を抑えるためには、①のケースはなるべく減らしたいところである。

①をなるべく減らした先のケースとしてあるのが、残る②と③のケースであり、これが筆者が「非営利復興」と名付けたいケースである。

非営利復興では本設の空間の建設にまではいたらず、仮設の空間を使ってソーシャルキャピタルと資本が蓄積される。

本設の空間とソーシャルキャピタルと資本の小さな三角形をなるべく早くつくりたい、ということが復興を推進する側の意志であろう。非営利復興を長く続ければ、いずれ本設の空間へ投資がまわる可能性はある。とはいえ、最大の媒介となる土地を使うことはできず、それは短期では成し遂げられない。では、その三角形の形成途上の状態を、単なる途中経過として無視するのではなく、中長期間における定常的な状態として位置づけて、安定させることが必要なのではないか。

つまり、非営利復興の最も大きな特徴は、近代復興に比べて圧倒的に長くかかる時間である。被災者も、それを支援する者たちも、近代復興ではあっという間に通り過ぎてしまった段階に足をとどめ、そこで、どういうソーシャルキャピタルが蓄積されているのか、どういう復興に向けてのモチベーションがわき上がっているのか、その交換を媒介するものは何なのかを見つけ、わずかに見つかったものを根拠に、資源の交換をしかけ、それをサポートする公的な投資を要請することになる。それは、船を駆る漁師が魚の群れを待つ作業にも似ているのかもしれない。

非営利復興の姿

こうした非営利復興の姿をどう切り開いていけばよいのだろうか。しかし「切り開く」という言葉ほど肩肘をはる必要はない。ヒントは、既に東北のあちこちに転がっている。既述の通り東北は近代化しきれなかったものが多く残る場所であり、「前夜の東北」を丁寧に読み込めば、そこにヒントはあるはずだ。

筆者が復興を支援しているある地区での経験を紹介しながらヒントを探っていこう（写真2）。R地区は人口2000人ほどの小さな漁師町であるが、11ある浜のうち、死者が出たのは2つの浜だけである。1933年の昭和三陸大津波のあと、R地区の集落はすべて現地の人たちが復興地とよぶ場所へと集団で、あるいは個別で高所移転し、その後に2つの浜にだけ低平地に住宅が残り被害にあってしまった。9つの浜の人達の意志が特別に強かったわけではない。強い必要がないから低平地に住宅をつくらなかっただけのことであり、彼らの土地は経済成長のエンジンになったことも一度もない。彼らは80年の間、土地抜きで経済を廻し、災害で誰も亡くならない空間をつくりあげてきた。つまり、9つの浜における昭和三陸大津波からの復興、1933年から2011年までの回復や成長の過程こそが非営利復興であると言える。

彼らはどういう人たちなのだろうか。予断では、漁師とは博打打ちのような気質で、荒っぽい人たちではないかと考えていた。しかし、実際の気質は、経営者、勤め人、農民、狩猟民、技術者といった気質が高度に複合している。集団ではなく、個人の気質がこれだけ複合しているということである。

この気質はどこからうまれているのだろうか。まず産業を見ると、R地区の漁業は養殖、定

写真２　Ｒ地区の風景

置網、沖釣り、あわび漁の組み合わせであるが、漁は湾内の容量を見極めながら行なっており、そこで獲れる魚、その利益で生活できる人数もはっきりしている。その容量のもと、養殖漁業は速いサイクルでイノベーションを重ねてきており、これから先もイノベーションが起こりそうである。そのイノベーションを支えているのは、集落の中の強い人間関係＝ソーシャルキャピタルである。

インフラをみると、戦後に整備された道路や防潮堤などが地区の安全性を向上するとともに、都市部との関係を強くし、集落の人たちが都市を使うことを可能にして来た。このことは、漁業だけでは食べていけない人が、都市部において様々な仕事を得て、それらを漁業と組み合わることを可能にしている。

こうした産業の進化、仕事の安定を得て、

彼らは資本を蓄積し、大小の空間を住宅と漁港の間につくり出して来た。その中には、昭和三陸大津波から実に70年かけて資本を蓄積し、低地から高所に移転した住宅もある。

このように、ソーシャルキャピタルは新しい仕事を生み出し、仕事が資本を蓄積し、資本が空間に再投資される、というふうに空間とソーシャルキャピタルと資本のよき循環が、80年かけて形成されてきた。そして9つの集落においてこれらはうまく機能し、だれも亡くならない空間をつくりあげてきた。このような、海を中心に持ち、様々な手段を組み合わせてそこから資源を取り出し、それを外部に売ることで富を得て、自身の船〜浜〜家を回復させていく、それがこの地域の制度から生まれた非営利復興である。こうしたことを教訓化し、超長期間の非営利復興に埋め込んでゆけばよい。

「まちづくり」という言葉を筆者は「他人の土地に、みんなのためになる提案をして実現をすること」と定義して使っている。定義の中で重要なのは、「他人の土地」というところであり、まちづくりという行為には本質的に「他者への介入」が含まれる。他者に介入する側は、専門家であることもあるし、住民自身であることもある。そして、非営利復興まちづくりとは、誰かが被災者に介入して、非営利復興のフレームを実現するということを指す。

その方法として重要なことは、まずは都市や地域を構成している様々な制度を読み取り、その都市や地域がどのような力で復興しうるかを見極めることである。そして、都市や地域にとって必要な空間を見積もった上で、急ぎの仕事と気長の仕事で実現するものにわけ、必要最小限な急ぎの仕事を実現しつつ、気長仕事で実現する空間の余地をつくっていくことである。こうしたことにより、私たちは超長期の非営利復興を遂げることができるのである。本稿ではR地区のことを述べたが、個々の状況は、1つ浜を変えるだけで異なってくる。きめ細かなまちづくりをあちこちで行うことで、小さな集落や浜といった単位毎で、それぞれの異なる方法で非営利復興がはかられてくるべきである。

――超近代復興と非営利復興の未来

近代復興は区画整理＋バラックモデルを中心に復興の制度を組み立てて来た。そして、復興が遅れていることの原因は、近代化されたはずの制度が、東日本大震災の被害を迅速に解くほどには、近代化していなかったからである。そして、津波はこの近代復興を2つの方向に分裂させた。片や原発復興は近代復興よりも速い、近代化のさらに先にある「超近代復興」であり、一方の津波復興は成長から脱却したスピードの遅い「非営利復興」という正反対の方向である。関東大震災以降、2010年まで組み立てられてきた同じ近代復興が、2つに分裂したということが筆者の見立てである。

ここに2つの写真がある。1つ目の写真はR地区の復興地の写真である（**写真3**）。ここは、1933年の昭和三陸大津波の後に高台への移転地としてつくられたものである。この復興地は急ぎの仕事としてわずか2年でつくられ、その後はR地区の様々な変化に洗われるようにし

写真３　R地区の復興地（昭和三陸大津波後の高台移転地）の街並み

写真４　多摩ニュータウンの街並み

てその姿をゆっくりと変えていった。一見すると、歴史的な街並みのように見えるが、これはたかだか80年の歴史しかない、東京で言えば田園調布や国立学園都市と同じ程度の古さしかないニュータウンである。ここは80年間かけた非営利復興の拠点となり、これからもおそらく、黙々と人々の生活を支え続ける。これが非営利復興である。

もう一枚の写真は、筆者が東京で暮らす多摩ニュータウンである（**写真4**）。1960年に東京の住宅不足から計画された理想都市は、人口の増加にあわせて40年かけて建設され、その時々の最新の住宅がそこで実験的に建設されたことで知られる。田園調布や国立学園都市にはじまるわが国のニュータウン建設技術の一つの粋がここにある。残念なことにわが国のニュータウン建設は、人口減少がはっきりと見えて来た2000年代の初頭に中止されてしまったが、超近代復興で実現される都市空間は、この多摩ニュータウンの空間の延長線上にある。

超近代復興も、非営利復興も、現在の時点で答えがはっきりと見えているわけではない。5年、10年と経っていくなかで、後から振り返った総括がされることになっていくだろう。

災害復興から学ぶ都市のたたみかた

東日本大震災の復興においては、人口減少時代の都市の課題が、日本の他の地域に比べると一足はやく顕在化していると考えられる。第6章で展開してきた震災復興の議論から、どのような「都市をたたむ方法」が見えてきているのだろうか、最後にまとめておきたい。

①長い時間の先には非営利経済社会が待っている

第6章では「非営利復興」の特徴を、近代復興に比べて圧倒的に長くかかる時間であると述べた。その復興は、船を駆る漁師が魚の群れを待つ作業にも似て、気長に、人々の小さなモチベーションがわき起こるのを待ち、それらをかき集めていくことから始まる。そこでは、災害で失われた空間を最低限に確保するため、まずは仮設の空間が仮置きされ、そこから気長な復興が始まる。そして、近代復興のスキームにおいては、その空間がはやい段階で、ソーシャルキャピタルや仕事や空間の復興につながり、人々が市場で交換可能な財を得ていくのに対して、東日本大震災の震災復興では、仮設の空間を足がかりにソーシャルキャピタルや仕事や空間がなかなか復興しなかったり、全く復興しなかったりする。一律的に復興する・しないというわけではなく、復興する・しないが入り混じった状態が長く続くということである。

第5章では、スポンジシティの特徴を「走者が短距離でバトンをつなぎながら、全体としてはゆっくりと走り続ける長距離走のようなものである」と述べた。非営利復興における「短距離走」にあたるものは、仮設的、暫定的な空間での暮らしであり、それをバトンをつなぐように長く持続し、ソーシャルキャピタルや仕事や空間の復興を待つことになる。1つ目の短距離走で復興する場合もあれば、2つ目の短距離走で復興する場合もある。重要なことは、過分な復興事業をするとか、仮設住宅から強制的に移転させるといった無理をせず、ゆっくりと走り続けることである。

その先にあるのは、筆者が「非営利経済社会」とよんだ、土地が市場に組み込まれていない、土地がただ生活を支えるだけのものになる社会である。第5章で述べた人口減少社会における長距離走の先には、そういった社会が待っている。その社会は東北の被災地ではおそらく一足早く顕在化するだろうし、そこから日本中に広がっていくものだろう。その時に、東北の被災地で顕在化した状況から私たちは多くのことを学べるはずだ。

②非営利復興の答えは足元にあるか

ではその「走者が短距離でバトンをつなぎながら、全体としてはゆっくりと走り続ける長距離走」はどのように実践していけばよいだろうか。第6章では、それは何ら新しいものではなく、「前夜の東北」を丁寧に読み込むことで見いだすことが出来ると述べた。東北は近代化しきれなかったものが多く残る場所であったからだ。

東北の知恵がどこでも使えるというわけではないだろうから、同じような知恵が、人口減少が進むあらゆる都市・地域に残っているだろうか？　それは各地の都市縮小期をうまく過ごし、来るべき非営利経済社会をデザインするヒントになりうるだろうか？　これについて筆者は確たる答えを持っていないが、あちこちの都市・地域でそれを探してみる試みは必要だろう。

③超近代復興の解き方は考えなくてはならない

最後に述べておかなくてはならないのは、東日本大震災でいみじくもあらわれてしまった、「非営利復興」とはまったく逆のベクトルを持つ「超近代復興」の問題である。原子力発電所の事故は、もう二度と起こらない、特殊な事故であると思いたいところであるが、いずれにせよ、イレギュラーな事故や災害、あるいはテロや戦争によって都市が破壊されることは起こりうるし、破壊的なことが起きないにしても、思いもよらぬ課題に対して都市の空間を急いでつくらなくてはいけなくなる状況は起こりうる。その時に私たちは、ここまで整理をした「走者が短距離でバトンをつなぎながら、全体としてはゆっくりと走り続ける長距離走」とは正反対の都市計画をしなくてはいけない。それは人口が増え始めた時代に、大胆に未来を想像して描かれた都市計画のように、思い切った仮説とビジョンに基づいたものになる。その解き方を考えることを放棄してはいけない。

文献と注

（1）「近代復興」再考／日本建築学会誌『建築雑誌』2013年3月号

（2）関東大震災の復興計画については多くの専門書が刊行されているが、本書は主に越沢明『復興計画』（中公新書、2005年）、石田頼房『日本近代都市計画の展開』（自治体研究社、2004年）、田中傑『帝都復興と生活空間』（東京大学出版会、2006年）を参照した。

（3）越沢明は前掲『復興計画』P.60において、「世界都市計画史上の壮挙」と評価している。

（4）厳密には、バラック移転の方法には、「曳方工法」「移転工法」「除却工法」の3つの方法があり、これらの3つを組み合わせてバラックの移転が実現された。田中傑が前掲『帝都復興と生活空間』P.163-171に詳述している。

（5）移転を要した建物の数の総数であり、最盛期の1928年8月には1日あたり500棟の移転が行われたという。

（6）石田頼房は前掲『日本近代都市計画の展開』P.122において、「ある分野の仕事の発展のためには、それを担う人と組織が形成されることが重要ですが、この意味で震災復興都市計画事業によって都市計画に携わる人が増加し、訓練され、一定の層を形成したことの異議は大きかったといえます」としている。

（7）日本建築学会に所属する研究者、実務家の有志のグループで『東日本大震災 仮設住宅からの住宅復興ガイドブック』を作成した。メンバーは饗庭伸（首都大学東京）、佐藤栄治（宇都宮大学）、鈴木雅之（千葉大学）、薬袋奈美子（日本女子大学）、米野史健（独立行政法人建築研究所）（所属は当時）で、成果はhttp://www.comp.tmu.ac.jp/shinaiba/sumaiguide.htmlで公開されている。

（8）津波被災地の復興では土地のかさ上げが必須であったが、土地のかさ上げに補助金を導入出来る事業手法は区画整理事業だけであった。そのため、復興に際しては区画整理事業が推奨された。土地の交換分合で敷地や街区の形状を製序し、道路や公園といった公共空間をつくり出すという区画整理事業の本来の目的が意図されなかったことは留意しておく必要があるが、一方で、かさ上げだけでなく、道路形状の変更など、復興には本来必要ではなかった、過大な区画整理事業を計画しているところも多くあることは留意しなくてはならない。

第7章　都市をたたむことの先にあるもの

都市をたたむこと

日本の都市は、ほぼ共通して人口の増加と都市の拡大を経験してきた。人口と都市空間が常に同じような動態をとれば、常に人口に対して適切な都市空間があるということになり、そこに問題は発生しないが、現実の人口と都市空間には常にギャップがあり、そこに様々な問題が発生する。都市空間があるのに人口が減ってしまった、人口が多いのに都市空間が不足している、というギャップである。こうしたギャップを軽減する取り組みが都市計画である。

人口と都市空間のギャップを図式化してみよう（図1）。

おおよその日本の都市は、人口も少なく都市も小さい状態1から、人口が多く都市も大きい状態3への移行を遂げ、人口減少社会においては、状態3から状態1へ移行することになる。状態1から3への移行は急激であったが、状態3から1への移行は緩やかである。都市空間と人口には常にギャップがあるので、状態1から3への移行期、状態3から1への移行期にはバ

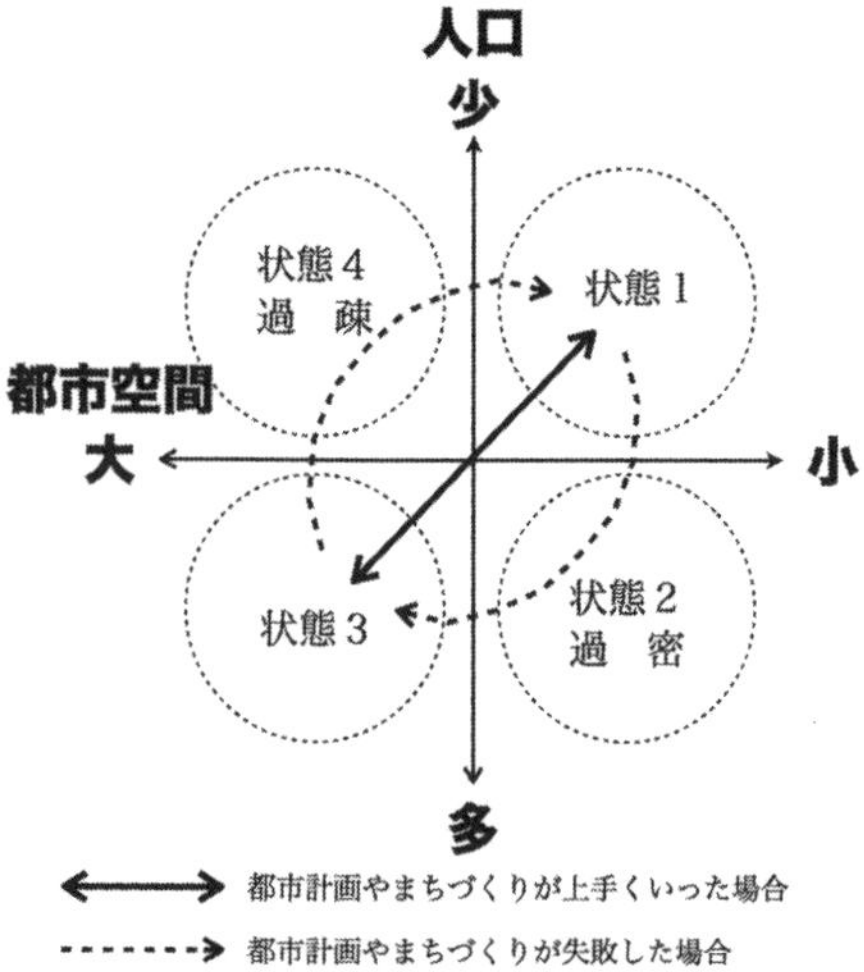

図1　人口と都市空間のギャップ

ランスが悪い状態が発生することがあり、その状況を混乱なくマネジメントすること、人口増加期における「過密」の状態、人口減少期における「過疎」の状態をなるべく経ないようにすることが都市計画の役割であり、本書はそのことを主題にこれまで議論を展開してきた。

では、緩やかな移行期においてどう都市計画を実践していけばよいか、そのためには人口と都市空間のことをよく知らなくてはならない。本書の第2章は人口について、第3章は都市空間について議論したものである。

第2章の内容を振り返ってみよう。人口減少時代には、人間の動きの総量がだんだん少なくなるが、ゼロになるわけではない。その人口の動きをどう整え、どう捌き、過疎の状態を顕在化させずに、状態1にどう辿り着けばよいのだろうか。その具体的な道筋や処方箋は、それぞれの都市や地域によって違ってくるはずであるが、共通して言えることは、人口増加期に比べると、人口減少期の人口の動きははるかに読みやすく、それを丁寧に捌くことはあまり難しくない、ということである。「消滅自治体」の議論のように、人口減少そのものを悲惨な現象のように喧伝し、危機感を煽って対策をとらせよう、という風潮が少なからず見受けられるが、慌てることはなく、時には人口そのものの動きについて、コミュニティの中でも議論をしながら、丁寧に未来をデザインしていきましょう、ということが第2章で述べた内容である。

第3章は、その人口の容れ物である、都市空間についての議論である。人口減少時代には、集中的に投資をしないと新しい都市空間をつくることが出来ないので、新しい都市空間をゼロからつくり出せる場所は限られている。そして、大多数の場所においては、現在ある都市空間を利用するしかなくなってくる。しかし、現在ある都市空間は、それがつくられた経緯、使われてきた経緯に規定された、独特の「かたち」を持っており、その「かたち」を理解しておかないと、よい都市計画は出来ない。その「かたち」を規定するのは、日本は土地の私有を徹底して進め、膨大な小さな土地を膨大な人々が所有している社会になってしまった、という歴史的経緯である。これが戦後に経済市場に土地市場を組み込み、経済を成長させるという目的で都市を使ってしまった結果であることは第1章で述べた通りである。第3章では人口減少時代にあらわれてくるこの「かたち」の特徴を、「スポンジ化」という言葉のもとに解き明かし、スポンジ化の持つ可能性を「脱市場化」「用途の混在」「スラムの非可視化」「やわらかくしぶとい都市」の4つのキーワードで整理した。

第4章はこうした人口と都市空間の関係をうまくつくっていくための、都市計画の方法を検討した。ここでは「全体×レイヤーモデル」という空間を理解するためのモデルを提示した。人口増加時代に採用された、都市空間をゾーンにわけて機能的にその使い方を考えていく「中心×ゾーニングモデル」にもとづく都市計画ではなく、人口減少時代に有効な考え方は、空間を大きな全体としてとらえ、そこにぽつぽつと空いてくるスポンジの孔に対して、様々な機能から導き出される可能性を組み合わせていく、という考え方である。都市計画の方法は土地利用規制、都市施設、都市開発事業、マスタープランの4つの方法の組み合わせであるが、それぞれについて、全体×レイヤーモデルに対応させせた、あるべき姿を検討した。

第5章は、2つの実例を通じて全体×レイヤーモデルに基づく都市計画の方法がどのように実践されているのかを解説した。空き家を使った小さな都市開発事業というべきプロジェクトYでは、その小さな敷地の中で事業を成立させるために用途が混在すること、巨大開発のような長期の時間軸を持つのではなくオーナーやプレイヤーの生活や人生にあわせた独自の時間軸を持つこと、事業を成立させるために貨幣だけでなくソーシャルキャピタルを利用できることを示した。

スポンジ化する都市の中で個別散在的にあらわれてくるこういった小さな動きを方向付けるのがマスタープランの役割である。その一つの試みとしてつくられた「空き家活用まちづくり計画」では、固定的な計画ではなく目標と手法が選択的に示され、小さな空間をつなぎあわせて都市施設をつくることが目指される。そして、こうした都市計画を実現する前提となる経済的なモチベーションは、人口増加時代はそれぞれの土地の価値向上であったが、人口減少時代は寄付がモチベーションの一つになることを示した。

第6章は、東日本大震災の復興を通じて、そこで見えてきている非営利経済社会への展望を検討した。「都市をたたむ」ことを積み重ねた先にはどういう社会が待っているか、東北では一足早くそれが見えてきているのではないかと考えたからである。ここでは「近代復興」という手法のパッケージを分析しながら、都市拡大期の都市計画手法の特徴を再確認した上で、東北の被災地で否応無しに見えてきている「非営利復興」の姿を分析していった。近代復興と比べると長い時間をかけ、本設の空間とソーシャルキャピタルと資本の小さな三角形が形成される途中段階を長くとる、という復興であり、その先には、土地が市場に組み込まれていない、土地がただ生活を支えるだけのものになる「非営利経済社会」があらわれてくる。

また、第6章では、東日本大震災でいみじくもあらわれてしまった、「非営利復興」とはまったく逆のベクトルを持つ「超近代復興」にも言及した。それは、都市拡大期の都市計画のように、思い切った仮説とビジョンに基づいたものになり、その解き方を考えることを放棄してはいけないということを指摘した。

たたまれた空間における都市計画

本書に通底しているのは、第1章で述べたように、「都市のために都市を縮小するのではなく、私たちの持つ小さな目的のために、主体的に都市を使いながら縮小する」ということである。人生相談のハウツー本のような青臭いアジテーションであるし、「合成の誤謬」という言葉にある通り、一つ一つの意志の集合が必ずしも正しい結果に到達するわけでもない。しかしながら、ここのところ続いている、人口減少時代についての危機感を煽り、都市を何が何でも縮小しなくてはならない、というような大ざっぱな言説に対抗するためには、単純な意志や直感的な行動が有効なのではないだろうか。

さて、このアジテーションが効を奏していくつかの意志が都市の中で立ち上がったとしても、人口が減少するということは、そもそも意志の絶対数が減ることを意味している。意志を持って使われる空間はどうしても限定されてくるわけであるから、都市拡大期に広がった都市において、意志が行き渡らない空間、つまり「たたまれた空間」が余白のように出てきてしまう。では、その空間をどういう力が支えるべきなのだろうか、最後にその問題を検討しておきたい。

そこを支えるのは政府なのだろうか？　人口減少とともに、意志の絶対数の減少とあわせて、税収も減少していく。広がり続ける余白に対して税収の絶対量は反比例的に不足していくので、

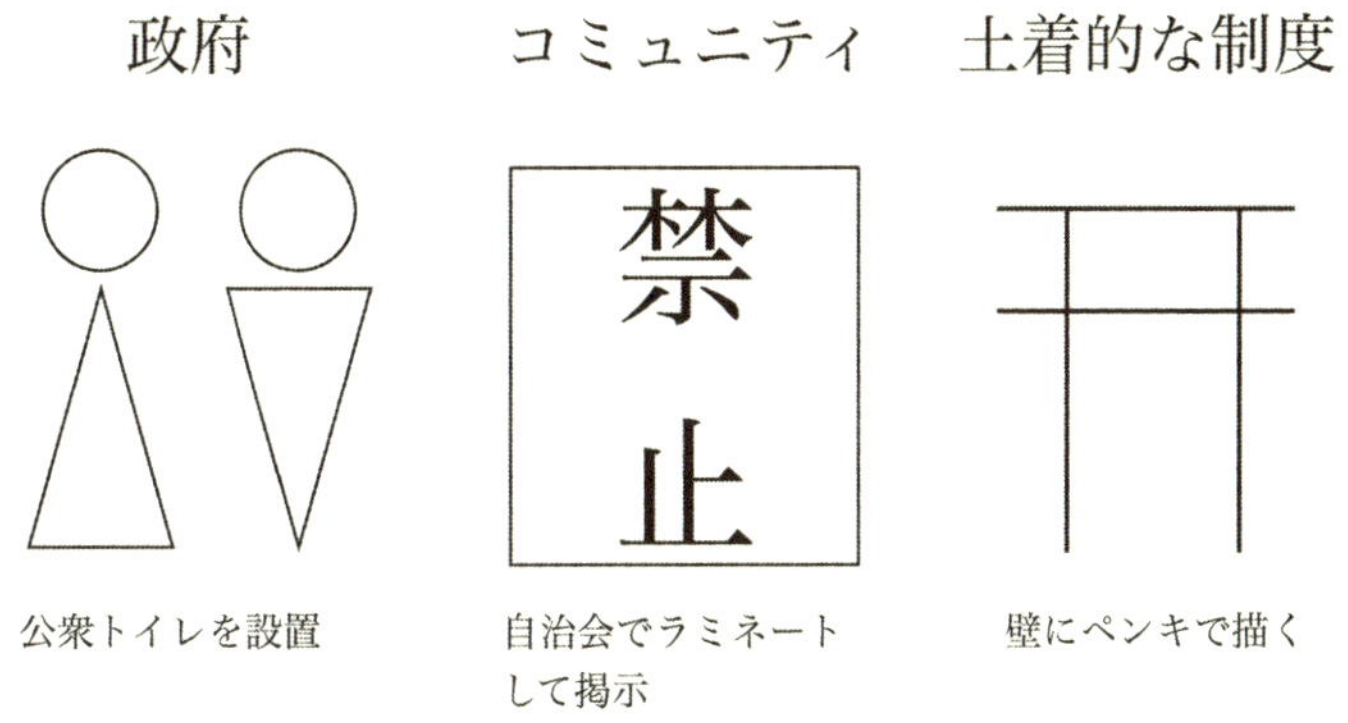

図2　都市に用を足されないための３つの都市計画

政府がそこを支えるという見通しは現実的ではない。

　では、そこを支えるのはコミュニティなのだろうか？　コミュニティという言葉は、都市拡大期に外生的に持ち込まれたものである[1]。この言葉が特によく用いられたのは大都市の郊外においてであり、それぞれの生まれ故郷にあったつながりを断ち切って大都市に集中した人々に対して、生活を支えるための制度として持ち込まれたのがコミュニティである。外生的な制度であるためにそれが成立するためには「意志」が必要であり、意志の絶対量が減るということは、コミュニティの力の絶対量も減る、ということである。

　ではどういう力がたたまれた空間を支えるのだろうか？　卑近な例で申し訳ないが、「都市の中でどこでも用を足されないようにするための都市計画」という例に抽象化して考えてみたい（図2）。

　政府が都市計画によってこの問題を解決する方法は、人が集まる場所や公園に公衆トイレを設置する、というものである。人々から集めた税を財源として、お金をかけたしっかりとした公衆トイレが整備される。しかし、税財源は限られており、あらゆる場所に公衆トイレを設置するわけにいかないので、コミュニティが登場する。コミュニティにはそれほど財源がないため、コミュニティは「ここで用を足すべからず」という看板をあちこちに設置することになる。それでも看板を製作するのにはいくばくかの費用が発生するだろうし、貨幣化されない労働、例えば話し合いや設置のための労力はかかってくる。看板だけでは効き目が弱いため、メンバーが手分けして見回りをする必要もあり、それにも少なくない労力がかかる。

そして、人口が減少すると、こうしたことに役割を果たせるコミュニティすら少なくなってくる。その時は図のような鳥居のマークをペンキで「用を足してはいけないところ」に描いていくしかない。相手が日本人であればその効果はてきめんであろう。公衆トイレが500万円のコストがかかる政府の都市計画、看板が5000円のコストがかかるコミュニティの都市計画であるとすれば、これは50円で出来る都市計画であり、この3つ目の方法こそが「たたまれた空間」を支える都市計画なのである。

政府による公衆トイレの設置を成立させているのは、税の徴収と資源の再配分を権力のもとで確実に行う、近代国家の仕組みであり、私たちは国家が持つ権力をおそれるために、税を払い、必要なところに公衆トイレを設置することを容認しているのである。

コミュニティによる看板を成立させているのは、ある地域の人々が共同しているという事実であり、私たちは、コミュニティの他のメンバーに見られているかもしれない、ルールを破るとコミュニティのメンバーから外されてしまうかも知れない、というおそれから、このルールを守るし、ルールを守らせることに協力する。

鳥居のマークを成立させているのは、私たちの内側に潜む、私たちが共同で持っている意識である。鳥居にむかって用を足すと、「バチがあたりそうだ」という意識が、そこで用を足さないようにしているわけであり、その根源をたどると、土着的な信仰がつくり出してきた制度や空間に行き着く。私たちの多くはそれほど信仰に厚いわけではないが、子どもの頃に祖母から聞かされた言い伝え、近所にあった神社の持つ異界的な空間、といった経験を通じて、宗教的な意識はぼんやりと、しかし確実に形成されている。もちろん、外国人にこの意識を伝えることが難しいように、この意識は限られた人々の中でしか共有されないものであり、人の移動がはげしい社会では共有されにくい。しかし、ここから先の人口減少時代の中で人口の移動が減少し、制度や空間についての共通体験が増えることで、制度や空間を介した共同意識が顕在化してくると考えられる。

たたまれた空間における都市計画は、こうした共同意識を根拠に成立するものではないだろうか。その共同意識を生み出す制度や空間は、近代化によっても消し去ることが出来なかった、土着の制度や空間であるかもしれない。一方で、プロジェクトYのような「都市をたたむ」取り組みの中で新たに生み出される制度や空間が、新たな共同意識を生み出すかもしれない。この「たたまれた空間」の問題については実践が少なく、具体性を持った検討が十分に展開できないが、ここで述べたことを手がかりにして、これから先に実践と検討を積み重ねていきたい。

注

（1）コミュニティという言葉は都市拡大期に人口を捌くために外生的に設計された政策として登場した。コミュニティという言葉は学術用語として古い歴史を持つが、政策の言葉になったのは１９６９年のことである。当時の自治省から「コミュニティレポート」という報告書が刊行され、様々なコミュニティ政策が展開されることになった。その過程を検証した広原盛明（『日本型コミュニティ政策――東京・横浜・武蔵野の経験』晃洋書房、２０１１年）によると、この言葉は学者が政策の場に持ち込んだのではなく、官僚が「学者に言わせて」持ち込んだものであるという。つまり「コミュニティ」という言葉は、近代都市計画と同じように社会を設計する立場から外生的にもたらされたものである。

あとがき

筆者が人口減少社会と都市計画について考え始めたのは2003年のころである。その年に博士論文を書き上げ、それまで取り組んでいた市民参加やまちづくりの手法研究ではない、新しいテーマを探していたときに、自然な流れで取り組むようになったのがこのテーマである。丁度その時に、日本建築学会が募集した「都市建築の発展と制御に関する懸賞論文」にマニフェストめいたものを応募して入選をいただき、その勢いのまま、色々な調査や研究に取り組むことになった。

その時の論文のタイトルは「都市をたたむための都市計画技術」というもので、結局のところ、筆者は10年間そのことを考え続けてきたことになる。なお、「都市をたたむ」という言葉は、その頃に早稲田大学の後藤春彦先生が「これからは「まちづくり」ではなく「まちたたみ」だよ」というようなことをおっしゃっていたことからのインスピレーションだったと記憶している。この平易な「たたむ」という言葉は、これからもじわじわと広がっていくのではないだろうか。

しばらくすると日本全体の人口減少社会が始まり、筆者があちこちで実践する都市計画やまちづくりは、必然的に人口減少を前提とするものとなってしまった。実態調査をし、理屈をこねながら、現場でも試行錯誤する、それらをお互いにフィードバックする、ということを10年近く続けてきたわけである。そのうちのいくつかの成果は雑誌や書籍に発表する機会をいただいたが、そこからこぼれるような、あまり発表する場所がないような雑多なメモをブログに書いていたところ、２０１２年の秋に花伝社の佐藤恭介さんに声をかけていただき、書き下ろしで1冊の本をまとめようということになった。

頭の中にあることを書き出すだけなので、「すぐに書けるかな？」と甘く考えて執筆に取りかかったが、10万字以上を同じような調子で書き上げるということは想像以上に難しく、結局は脱稿までに2年半を費やすことになった。粘り強く待っていただいた佐藤さんには感謝である。

その過程で、人口減少社会はじわじわと進行し、あちこちで面白い取り組みや、類書も多く出てきた。類書に影響を受け過ぎてしまうと筆者の容量の乏しい頭が混乱するので、最後の半年くらいは情報をやや遮断気味にして書き上げた。そのため、類書に比べて本書が新しい視点を提供できているか心許ないが、評価は読者に委ねたいと思う。

最後に謝辞。

この本の中でも取り上げた、筆者がここ数年の間に関わっていた都市計画やまちづくりの現場、山形県鶴岡市、東京都国立市、東京都世田谷区、東京都町田市、岩手県大船渡市の現場からは大きな刺激をいただいた。また、この本を書いていたころに参加していた2つの研究会、蓑原敬先生を中心とする「次世代都市計画理論研究会」、大野秀敏先生を中心とする日本建築学会「人口減少の時代に向けた都市の再編モデルの構築　特別調査委員会」の研究会での議論からも大きな刺激と影響をいただいた。それぞれで協働している専門家や市民の方に記して感謝をしたい。

また、研究の経過では様々な研究費の助成や補助をいただいた。この本で直接的に成果を使っている研究は、科学研究費若手奨励（B）「大都市圏を対象とした都市をたたむ計画技術に関する研究」（２００６〜２００８年）、国土政策関係研究支援事業「都市縮退時代の都市デザイン手法に関する研究」（２００７年）である。

また、筆者は大学にて教鞭をとりつつ、いくつかの都市計画・まちづくりの現場での実践も重ねている。このスタイルが可能な教育・研究環境は得難いものであり、それを支えてくれている大学のスタッフや同僚、いつも筆者と一緒に現場に入ってくれている研究室の学生達、そしてこの研究環境に導いて下さった恩師の佐藤滋先生と、最初の上司の高見澤邦郎先生には記して感謝をしたい。

この本は、たくさんある人口減少社会にまつわる言説のなかでも、どちらかというと「ポジティブな未来」を提示している部類に入るだろう。有名な、一升瓶に半分残った焼酎に対して、「もう半分になってしまった」と嘆くか、「まだ半分残っている」と考えるかの違いと同じで、現象に対して、ポジティブに振る舞うか、ネガティブに振る舞うかは、結局のところは気の持ちようみたいなものである。能天気とまではいかないまでも、なぜ筆者がこの程度までポジティブなのかというと、つまるところ、普段に暮らしている環境が明るいからである。その明るい環境の源である妻の真理子と3人の子ども達と、故郷で見守ってくれている両親にも感謝をしたい。

よい建築とは、よい都市とは、良質な方程式のようなものである。方程式とは「解き方」であり、そこに様々な値を代入し、方程式によって解かれた様々な成果を得ることができる。「値」に対して、いかによい「成果」を出すことが出来るか、そこに方程式のデザインの腕の見せ所がある。建築や都市が人々の気持ちや暮らしや人生を単一なつまらないものに強制するものであってはならない。よい建築は、そこを体験する人の気持ち、そこに住む人の暮らしを整えてくれるものであるし、よい都市は、そこで暮らそうという人々の人生のデザインを手助けしてくれるものである。

この本も、建築や都市空間を設計する時と同じような気持ちでつくっていった。様々な都市に暮らし、様々な人が、この本を読むことによって、都市のつかい方を考え、よい暮らし、よい人生を導き出してくれたら、筆者にとって望外の喜びである。

2015年11月　饗庭　伸

饗庭　伸（あいば・しん）
1971年兵庫県生まれ。早稲田大学理工学部建築学科卒業。博士（工学）。同大学助手等を経て、現在は首都大学東京 都市環境科学研究科 都市システム科学域 准教授。専門は都市計画・まちづくり。主な著書に『白熱講義 これからの日本に都市計画は必要ですか』（共著 2014年 学芸出版社）、『東京の制度地層』（編著 2015年 公人社）など。
連絡は aib@tmu.ac.jp まで。

都市をたたむ——人口減少時代をデザインする都市計画

2015年12月10日　初版第1刷発行
2020年6月25日　初版第10刷発行

著者 ——饗庭　伸
発行者 —平田　勝
発行 ——花伝社
発売 ——共栄書房
〒101-0065　東京都千代田区西神田2-5-11出版輸送ビル2F
電話　　03-3263-3813
FAX　　03-3239-8272
E-mail　info@kadensha.net
URL　　http://www.kadensha.net
振替 ——00140-6-59661
装幀 ——三田村邦亮
印刷・製本—中央精版印刷株式会社

ISBN978-4-7634-0762-7 C0052

地方都市を考える
「消費社会」の先端から

貞包英之

定価（本体1500円+税）

地方都市はどうなる？　「地方消滅」「地方創世」の狂騒のなかで

地方都市では何を幸福として何を目指して生活が営まれているのか。日本の人口の４割が暮らす地方都市。ショッピングモール、空き家、ロードサイド、「まちづくり」……。東北のある中都市を舞台に、この国の未来を先取りする地方都市の来し方行く末を考える。